超级思维训练营系列丛书

心惊肉跳的推理

XINJINGROUTIAODETUILI

李宏 ◎ 编著

开发潜能的游戏典范 ——☆—— 活跃思维的智慧读本

中国出版集团　现代出版社

图书在版编目(CIP)数据

心惊肉跳的推理／李宏编著. —北京:现代出版社,
2012.12(2021.8 重印)

(超级思维训练营)

ISBN 978 - 7 - 5143 - 0987 - 4

Ⅰ. ①心… Ⅱ. ①李… Ⅲ. ①思维训练 – 青年读物②思维
训练 – 少年读物 Ⅳ. ①B80 – 49

中国版本图书馆 CIP 数据核字(2012)第 275757 号

作　者	李　宏
责任编辑	刘　刚
出版发行	现代出版社
通讯地址	北京市安定门外安华里 504 号
邮政编码	100011
电　话	010 – 64267325　64245264(传真)
网　址	www.xdcbs.com
电子邮箱	xiandai@ cnpitc. com. cn
印　刷	北京兴星伟业印刷有限公司
开　本	700mm × 1000mm　1/16
印　张	10
版　次	2012 年 12 月第 1 版　2021 年 8 月第 3 次印刷
书　号	ISBN 978 - 7 - 5143 - 0987 - 4
定　价	29.80 元

前　言

　　每个孩子的心中都有一座快乐的城堡，每座城堡都需要借助思维来筑造。一套包含多项思维内容的经典图书，无疑是送给孩子最特别的礼物。武装好自己的头脑，穿过一个个巧设的智力暗礁，跨越一个个障碍，在这场思维竞技中，胜利属于思维敏捷的人。

　　思维具有非凡的魔力，只要你学会运用它，你也可以像爱因斯坦一样聪明和有创造力。美国宇航局大门的铭石上写着一句话：“只要你敢想，就能实现。”世界上绝大多数人都拥有一定的创新天赋，但许多人盲从于习惯，盲从于权威，不愿与众不同，不敢标新立异。从本质上来说，思维不是在获得知识和技能之上再单独培养的一种东西，而是与学生学习知识和技能的过程紧密联系并逐步提高的一种能力。古人曾经说过：“授人以鱼，不如授人以渔。”如果每位教师在每一节课上都能把思维训练作为一个过程性的目标去追求，那么，当学生毕业若干年后，他们也许会忘掉曾经学过的某个概念或某个具体问题的解决方法，但是作为过程的思维教学却能使他们牢牢记住如何去思考问题，如何去解决问题。而且更重要的是，学生在解决问题能力上所获得的发展，能帮助他们通过调查，探索而重构出曾经学过的方法，甚至想出新的方法。

　　本丛书介绍的创造性思维与推理故事，以多种形式充分调动读者的思维活性，达到触类旁通、快乐学习的目的。本丛书的阅读对象是广大的中小学教师，兼顾家长和学生。为此，本书在篇章结构的安排上力求体现出科学性和系统性，同时采用一些引人入胜的标题，使读者一看到这样的题目就产生去读、去了解其中思维细节的欲望。在思维故事的讲述时，本丛书也尽量使用浅显、生动的语言，让读者体会到它的重要性、可操作性和实用性；以通俗的语言，生动的故事，为我们深度解读思维训练的细节。最后，衷心希望本丛书能让孩子们在知识的世界里快乐地翱翔，帮助他们健康快乐地成长！

目　录

第一章　紧急关头的救命良药

心惊肉跳的推理

第二章　远水同样可以解近渴

第三章　相反的方向存在正解

第四章　办法其实有好多

心惊肉跳的推理

第一章 紧急关头的救命良药

我们都知道这个世界上有着各种各样的思维,不同的思维在不同的情况下会有大不相同的效果。有些时候我们偏偏就是需要一些看起来很奇怪,甚至让人觉得摸不着头脑的思维来解决问题。尤其是当我们身处在比较危险或者紧急的环境之中时,平时的很多思维往往不能让我们马上获得安全,这时候我们就需要急智思维了。就好像司马光砸缸、草船借箭等古代故事里描述的一样,急智思维可以让我们化身为小英雄,在危机中挽救自己和他人。大家都知道,人在紧急情况之中,往往会头脑混乱,拿不定主意,所以我们更需要在平时就训练我们的急智思维,一旦遇见危险可以迅速做出正确的决定。从古到今,有许许多多的故事都是应用急智思维的典型例子,在这一章,让我们一起走进这些故事,亲身体验急智思维的奇妙。

并不存在的阳台

有一个叫莎拉的记者,经过种种努力终于得到了与福尔摩斯齐名的大侦探哈代的默许,对他进行采访。当她来到哈代居住的位于某公寓六层的房间时,才得知原来哈代正在保管一份非常重要的文件。

"我之所以精心地保护这份文件,是因为它是会改变历史的,无数人想要得到它,但我只会交给应得的人。"哈代边对莎拉解释边用钥匙打开房门,可就在房门打开的一刻,出现在莎拉和哈代眼前的却是黑洞洞的枪口。

哈代惊慌地说:"马克斯,你不是在柏林吗,怎么会出现在我这里?"被称作马克斯的男人拿着枪贴近一点儿低声说:"哈代,那份关于新式导弹的文件恐怕放在我手里更安全一些。"

"见鬼,这次我一定要换一个房子,这已经是别人第二次从阳台进入到我的房间了。还真是不安全。"哈代气恼地说。

"阳台?"马克斯疑惑地说,"我有万能钥匙,根本不需要阳台,要是早知道这样就不必这么费事了。"

"那根本就不是我的阳台,是隔壁那个混蛋的,不过却直接延伸到了我的窗下,上个月就已经有人通过它爬进来了。旅馆主人答应拆除却迟迟不肯动手,见鬼!"

马克斯笑笑,用枪命令莎拉坐好,并对哈代说:"我想现在不是讨论阳台的时候吧? 给你5分钟的时间,我要看到文件,否则你知道后果的。"话音刚落,就响起了嘭嘭的敲门声。哈代淡淡地笑了:"警察终于来了,为了这份文件,他们可是不时地来巡视呢。而且,没有记错的话,刚刚我并没有锁上门,我不开门的话恐怕他们会闯进来开枪的。"

马克斯没有办法,只好将一只脚伸向窗外说:"赶快让他们离开,我在阳台上等,如果做不好你们就死定了。"这时候门外催促道:"哈代博士!"

马克斯迅速地把枪对准哈代,一手抓住窗框,门把手转动的瞬间,他迅速松开手,跳到窗外。一声尖厉的惨叫后一切都重新恢复了平静。

门开了,一位侍从带着两杯咖啡走了进来,放在桌子上转身离开了。

莎拉仍在不住地发抖,望着渐渐关上的门说:"可是……警察呢?"

哈代端起咖啡轻轻地抿了一口,仍旧淡淡地说:"警察,哪来的警察?"

"可是阳台上的家伙怎么办?"莎拉担忧地问。

"哦,他再也不会回来了。"哈代淡定地微笑着,"因为……"

你知道为什么马克斯再也不会回来了吗?

参考答案

马克斯的确再也不会回来了,因为根本从一开始就不存在什么阳台。哈代在发现枪口的一瞬间并没有惊慌失措,而是已经展开急智思维,早早地给对方下了圈套。又刚好趁着侍从送咖啡的敲门声使马克斯不得不退入"不存在的阳台",从而获得"安全"。正是这样的机智思维,成就了哈代博士辉煌的侦探人生。

证言很奇怪

"当我进入 A 的房间的时候,他根本不在屋里。等了一下子,他还是没有回来,所以我就在他那面 60 厘米高的镜子前整理一下我的领带,接着,往后退了两三步照照浑身上下,然后就出去了,再没有见到他。当下听到他自尽了,真令我大吃一惊,这怎么会呢?"

大侦探 R 询问最后来过 A 的房间的青年,听完这个青年的这番话,R 大笑着指出:

"你在说谎!"

R 怎么知道这个青年是说的谎话呢?

参考答案

60厘米高的镜子,就算退后了几步也无法照到全身上下。

吹牛皮

在唐朝的时候,镇守江西的王爷李德成娶了一位貌美如花的妻子。他听说当地一个十分有名的相士非常喜欢吹牛,就想暗暗惩治他一下,所以就摆酒款待相士。

喝到兴头上,相士便对王爷说:"王爷,我看您的面相,是大富大贵之人啊!而且您日后一定能创立大业,让人人都敬爱您。"

王爷看相士果然已经飘飘然了,便问:"这是日后之事,你怎么知道呢?"

相士喝醉了酒,牛皮更是越吹越大,所以毫无顾忌地说:"这个自然。我最擅长给人看相了。不要说像王爷这样的大富大贵之人,就是普通人,高矮胖瘦,富贵吉凶,我看一眼就全都知道。"

李德成暗暗在心里记住相士的话,当场并没有做什么表示。不久之后他再次邀请相士到自己的公园一游。相士到达公园之后,看到公园里有5个穿着打扮完全一样的女子,而且个个美丽非凡,不仔细看的话看不出什么区别。这时候王爷突然出现,说:"你那天说你能够分别人的富贵贫贱,那你现在看看这5人中哪个才是我的妻子呢?"

相士这时可没有喝醉,马上明白王爷是故意试探自己,如果答错后果可不堪设想。心里虽然十分后悔自己不该处处吹牛皮,竟然还吹到了王爷那里,这下子牛皮破了自己的小命也要不保了。但是王爷在上,他也只能硬着头皮一一看了过去,所有人都知道王妃貌美如仙,但是这5个女子都很漂亮,怎么分辨啊?相士偷偷看了一眼王爷,只见他的脸色越来越阴沉,更是吓了一跳。突然一条妙计出现在他的头脑之中,相士大喜,终于有救了。

只见相士恭恭敬敬地说道:"王爷,王妃尊贵无比,在这5人之中,头顶上有黄云的人就是您的王妃。"

相士果然保住了自己的小命,还被王爷夸奖,得到了重用。

你知道相士为什么这么说吗?王妃的头顶真的有黄云吗?

 参考答案

王妃的头顶当然不可能有黄云,既然相士本是吹牛,自然也无法分辨。但是他这样一说,其他4个女子就纷纷去看另外一个女子的头顶,这个不动的女子自然就是王妃了。相士在紧急关头利用了人的心态,让不是王妃的人自动暴露,真王妃就不辨自知了。

变钢管的破纸

曾经有一个南极探险队决定在南极过冬,以方便开展更多的科学研究。他们用船运来了石油,决定用准备好的输油管道将石油运送到南极探险队的基地里。大家都知道南极很冷,所以这些石油非常重要,是整个探险队整整一个冬天的能量保证。但是就在人们以为没有问题,准备开始输送石油的时候,却突然发现输油管道距离基地还差很长的一段。由于南极冰封,船没有办法继续前进了,如果重新运来管道的话至少还要两个月的时间。探险队一时之间不知道怎么办,他们只好写了信给政府等待回信,工作也都暂停了。

就在这个时候,其中一个探险队员突然发现自己前一天晚上用破报纸卷成的纸筒被不小心淋上了水,经过了一夜,已经冻成了一个坚硬的圆筒。他正拿在手里把玩的时候,另外一个探险队员好奇地走了过来。他左敲敲右敲敲,发现在南极超级低温的环境下,报纸被冰冻得坚硬和光滑,即使用力敲打也不会损坏。这时候石油输运的紧急情况才刚刚反映到国内,还没有好的办法运送过来。这名队员突然灵机一动,想出了一个好主意,成功地将石油输送到了基地里。

心惊肉跳的推理

你知道他想出了怎样的主意吗,你又有什么好主意来解决问题吗?

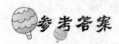 参考答案

　　这个南极探险队员发现冰冻后的破报纸强度足够用来运输石油,就召集所有的队员将所有的废报纸卷成和原有的输油管道一样粗细的圆筒,并淋上水,将这些临时"管子"接在原有的输油管上,在接头处仔细淋上水,冻实。为了进一步保证结实度,他还让大家把库存的绷带都拿出来绕在冰冻的管子外面,淋上水之后,这些软软的绷带就充当了"钢筋"的作用。就是利用这样的"输油管",他们成功地在最低成本的情况下最快时间内将石油成功地输送到了基地之中。大家看完之后可能会觉得这是生活中常有的小聪明,但是正是这种小聪明往往能够解决大问题。所以在生活中我们需要常常观察自己身边的环境和事物,在困境之中充分开动自己的"小聪明"来解决问题。

女特工穿的血色泳装

　　在一个夏天酷热的上午,警察 A 在海滨浴场走过的时候,意外地见到一个身穿血色泳衣、头戴血色泳帽的女子。这个女子好像见过,却想不起来在哪里见到过。突然间,他想起来了,这不正是内部通缉的女特工 E 吗?

　　他准备上前逮捕女特工 E 时,E 好像也发觉了不一般的气氛,她就混在一群游泳的客人中急忙地游进海里了。A 是不会游泳的,所以无法游泳去追,非常焦急。但他一想,这个海滨浴场正对着的是太平洋,浴场的防鲨网外每每会有鲨鱼出现,不管游泳技能多么高明的人,也不敢越出浴场一步,而且他看出 E 的游泳技能并不是很好,她一定是要回到岸上来。再说 E 的血色泳装那么显眼,她上岸时 A 绝对不会看不到她的。

　　然而,直到海滨浴场上的人全都走光了,A 也没再寻到穿血色泳装的 E。而且 E 也并没有从海上溜走,而是默默地回到岸边后冷静自若地走出

海滨浴场的。

为什么 A 没有找到 E 呢?

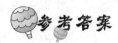参考答案

其实女间谍里面还穿了另一件泳衣,在海里变了装之后回到了海滩上,没有引起警官 A 的注意。由于海滨浴场的泳客很多,而且警察 A 又只是关注穿血色泳装的人,所以才没有发现已换了比基尼泳装的 E 上岸去了。

小字条,大作用

有一个刚刚毕业的大学生小张,终于等到了自己最喜欢的公司的面试机会。于是她特意起了个大早赶去面试现场,没有想到的是她的前面已经排起了长长的一队。大家都知道,面试官不一定是等到全部面试结束之后才确定录用人选的,很可能在之前就看到了喜欢的人选。小张也知道这个道理,所以十分焦急。但是她很快说服自己冷静下来,仔细地数了数排在自己前面的人数,然后掏出自己的记事本写了一张小小的字条。她拜托一旁维持秩序的工作人员将字条交给面试官之后就开始非常认真地准备起来。

终于轮到小张的时候,她非常从容地回答了面试官的各个问题。最后,面试官站起来高兴地笑了:"非常欢迎你加入到我们公司,你和我预想的一样优秀。"

你知道面试官为什么对小张评价这么高吗? 如果是你,你会在那张小字条上写下什么呢?

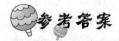参考答案

原来字条上面只是简单地写了一句话:"我是今天面试的第 37 个人,希望您在看到我之前不要做出最后的决定。"虽然只有一句话,却可以看到小

张的镇定和自信,以及在这种情况下解决问题的机智。我们很多人在遇到意料之外的情况时都会焦躁不安,但是如果我们平时就注意培养自己的急智思维,那么在真正遇见困难的时候就可以准确地应对,像小张一样抢占先机,一鸣惊人。

警察从天而降

正在看电视的苏菲小姐看到一条新闻:"今天下午5点左右,在花园街,一名71岁的老人被枪杀。目击者称凶手身穿绿色西装。希望知情者尽快与警察局联系。"苏菲正在害怕中意识到自己居住的街道就是花园街的时候,阳台的门口突然出现了一个陌生的男子。她几乎有些绝望地发现男子身上穿的正是一件带血的绿色西装。男子威胁苏菲马上将自己的手表、戒指以及屋子里的金钱通通给他。

正在这样的紧急关头,敲门声响了起来,男子紧张地用枪抵住苏菲的后背命令道:"就说你已经睡觉了,不要让他进来。"

苏菲只好问道:"谁啊?"

"莱恩警官,我正在巡视,苏菲小姐,你这里没有事情发生吧?"

听到熟悉的警官的声音,苏菲感觉自己的内心安定了许多,她深呼吸了一下说道:"没事。"停了一下,她提高自己的音量补充了一句:"警官,楼上的山姆叔叔让我给您带好呢。"

"谢谢,祝你晚安。"警官说完就开着巡逻车离开了。

"算你老实,赶紧把钱财都找出来。"男子高兴地坐到桌边,再次命令道。

突然间,从阳台上的门口一下子冲进来几个警察,在男子还没有反应过来的时候就已经将他制服。

"您真聪明,苏菲小姐。"莱恩警官亲切地说。

你知道这些从天而降的警察是哪里来的吗,莱恩警官为什么夸奖苏菲小姐呢?

 **参考答案**

相信你也多多少少猜到答案了吧？没错，生命危急关头，苏菲小姐听到莱恩警官的声音就想要求救，又不能被男子发现。所以她想到了一个妙计，故意替山姆叔叔问好。但是楼上根本就没有山姆叔叔这个人，莱恩警官马上就反应过来苏菲肯定是遇见了危险，无法正面求助，所以警官假装离开，召集其他警察从阳台进入逮捕了逃犯。有时候我们需要抓住一点点求救的机会，挽救自己，以后大家万一遇见类似的情况，也可以多多向苏菲小姐学习了。

共有多少桶水

古时候有一个国王非常聪明，也常常想出令人很为难的问题。相传有一日国王和众位大臣一起在御花园游玩的时候刚好走到一处湖水边上，国王看到水中的荷花都已经盛开了，非常漂亮，他突发奇想，问众位大臣："你们谁知道这湖中一共有多少桶水？"

这是一个很大的湖，想要一桶一桶地量根本没有可能，大臣们一时之间你看着我我看着你，谁也没有想到答案。

国王见到这种情况当然非常生气了，他没有想到自己手下的臣子们竟然连这样一个小小的问题都没有办法解决，于是他在震怒之下下令大臣们必须在3日之内得出答案，否则就通通拉出去砍头。大家都知道国王是金口玉言，因此大臣们谁也不敢轻视，但是他们在3天的时间里不管怎样绞尽脑汁都无法想出答案。

这时候一位老大臣家的孩子看见自己的爷爷整日叹息就问道："爷爷，你为什么这么不开心呢？"老大臣索性就将整个事情的经过讲给了孩子，谁知道，孩子听后只是稍作思考就对老大臣说："爷爷，我已经有答案了。"他顽皮地笑了一下，又说道，"但是我这么小的孩子，一直都没有机会看到国王，

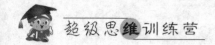

我想亲自告诉国王答案。"

老大臣想了一下，反正现在自己想不出答案也是死，这个孩子虽然顽皮了点儿，但是平时精灵古怪的，不如就让他试一试。于是和其他大臣商量了一下之后就带着小孩子进宫面见国王。

国王听到大臣们找来一个小孩子代替他们回答问题，也对这个孩子感到好奇，就召见了这个孩子。国王看到这个孩子长得非常可爱，又很勇敢也不紧张，就和气地说："朕这就带你去看看那个湖有多大，你再回答朕的这个问题。"

谁知道小孩子摇了摇头，没有去看那个湖就给出了让国王非常高兴的答案，得到了国王的很多赏赐。

为什么小孩子没有看到湖就给出了答案呢？如果是你，你要怎么回答这个问题呢？

 参考答案

孩子并没有去看湖的大小，而是直接说道：我首先要知道朕您要用多大规格的桶来装这湖里的水，如果您是用一个湖那么大的桶，这湖里就只有一桶水。如果您是用 1/2 个湖那么大的桶来装湖水，这湖里就有两桶水。如果您是用 1/3 湖那么大的桶来装湖水，这湖里就有 3 桶水……

正如故事中的小孩子一样，有时候越是身处危险的环境，我们越是不要局限在寻常的思维之中，要从其他的角度来思考问题，利用急智思维来寻求答案。答案往往是出其不意的，但也是最有效的。

情报电话很奇妙

K 国正在通缉逮捕一伙在逃的走私犯。有一天国际刑警洛奇偶然中来到一家豪华俱乐部，他看到坐在酒吧处的一伙人，正是被通缉的一伙逃犯。然而他们都不知道洛奇的真正身份是什么，所以没有在意他。为了尽快地

缉拿这伙人,洛奇立刻用附近没人用的电话告知总部犯人的动向。

聪明的洛奇冒充和女友通电话,这伙人听到的通话内容是这样的:"我深爱着的丽娜,你好吗?我是洛奇,昨晚我生病了,不能陪你去迪斯科舞厅,现在好多了,都靠着豪华俱乐部的阿占上月送的特效药。我爱的人啊,跟你在一起是我的目标。不要对我生气了,我们会永世在一起的,请你体谅我的失信,我的病不是很快就好了吗?今晚赶来你家再向你认错,千万别生我的气呀,就这样,再见!"

这伙人听了这番情话,都笑了一阵儿。但是5分钟之后,他们被警察包围了,只有举手被抓住。

你明白洛奇打电话的巧妙之处吗?

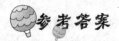
参考答案

在通话时,洛奇用手捂住话筒打电话,他的电话在别人听到的状态是情话。但是,总部就收到了一段"间歇式"的说话:"我是洛奇……现在豪华俱乐部……和目标……在一起……请你……快……赶来。"

绿色的酒

一位名叫罗斯的化学家由于研究出来许多化学产品而一下子身价上涨,成为了百万富翁。成为富翁的罗斯非常喜欢古董和文物,他买回来许多珍贵的世界名画和文物,并且将这些东西一一布置在客厅的各个方位,以方便来访的客人和自己一同欣赏。

但是这件事情却被一个小偷知道了。小偷非常想要得到几件卖掉,因为仅仅是这几件的价钱,就足够他一辈子吃穿不愁了。于是,一天深夜里,他悄悄地进入了罗斯的家里,偷偷潜入了并没有人看守的客厅,快速地摘下了一幅价值连城的名画,又赶紧抱起桌上的一件文物。正在这时,同样放在桌子上的一瓶绿色的酒却将他吸引住了,这是一个嗜酒如命的小偷。他一见这瓶酒通体青碧,酒香扑鼻,就忍不住打开瓶盖,咕咚咕咚地喝掉了整整半瓶。

就在门外远远传来脚步声的时候,小偷迅速地逃走了。

罗斯迅速地报了案,接到报案的莱恩警长立即赶过来察看现场。谁想到这个小偷十分的专业,早早地戴了胶质手套,并穿上了特种鞋,整个房间里没有任何地方留下了他的指纹和脚印。正在没有线索的时候,罗斯的仆人进来报告说,客厅里的酒少了半瓶,应该是被小偷喝掉了。

莱恩警长听到这个消息非常高兴,他让罗斯马上写一份启事,在当天晚上的报纸上紧急刊登,小偷一定会自己送上门来的。

第二天,那个小偷果然自己来了,早就埋伏好的警察马上冲上去抓住了这个小偷。

你知道罗斯的启事上写了什么让小偷自投罗网吗,你有什么更好的办法吗?

 **参考答案**

原来莱恩让罗斯利用自己化学家的身份,在报纸上公开发表启事说小偷喝掉的绿色的酒事实上不是酒,而是自己最近研制的一种新型毒药,服药的人必须在两天内服用自己研制的特效解药,否则就会中毒身亡。小偷虽然爱财,但是更爱惜自己的生命,所以就只能自投罗网了。怎么样,你猜到了吗?

公交车上的谋杀案

D是香港黑社会的一位很重要的人物,但是幡然醒悟后就打算不再干了,重新做人,离开黑社会。但是由于他知道黑社会的许多黑幕,黑社会的头怕他走漏秘密,部署人去干掉他,然而可怜的D却一点儿也不知情。

这一天晚上,D被人发现已被人害死在一辆末班公交车的上层(香港的公交车是双层的),导致他丧命的是左边的太阳穴中弹。这路公交车是D回家必乘的车也是必经之路,因为它的终点站正是在他的公寓的楼下。由于司机不会知道上层的情况,案发时车上大概只有D一个乘客,所以没人知道到底发生了什么,直到清洁工人打扫车厢时才看到遗体。

警方虽然知道是黑社会的人要灭口,但是对案发的所有过程都不知道。之后,当晚比D早一站下车的一个乘客后来想起,当他下车时,只望见D正在笃定地看报纸,全车只剩下他一个人,以后的事情就不明白了。

那么,凶手是怎样枪杀D的呢?请你推理一下。

 参考答案

杀手一定是利用乘客下车时,从公交车经过的地方的二楼上开枪射杀了D,当然,这凶手得是一个神枪手。

高超的易容术

有一个女易容高手,在日本非常有名,她能够轻易地将几十岁的男人扮成20岁的小青年,也可以把一个妙龄少女扮成很丑的老太太。但是她没有想到,她的这项手艺却为家里引来了一个逃犯。这个刚刚越狱成功的逃犯拿着匕首威胁易容师:"警察正在四处寻找我,我需要离开这座城市。你必须把我易容成另外一个样子。只要你做到了,我就不会伤害你的。"

女易容师感到很害怕,她虽然讨厌这个逃犯,但是却不敢违抗他。于是她一边准备自己的化装工具,一边思索着解决的办法。

"易容成什么样子好呢?不如我把你化装成一个女人吧?"女易容师很顺从地问道。

逃犯随随便便地说:"女人的话行动起来太麻烦了,你只要把我化装成和原来的模样一点儿都不一样就可以了。"

"那么,我就把你化装成一个有点儿丑的中年人吧。"边说着就开始动手工作起来,不一会,镜子里的逃犯就已经完全变成了另外一个样子,脸色很黑也很丑的中年人。逃犯觉得很满意,他将女易容师用绳子紧紧捆了起来之后就离开了。

但是男子无论如何也没有想到的是,他刚刚来到大街上就被巡查的警察逮捕了。

你知道这是为什么吗,女易容师做了什么手脚呢?

参考答案

其实女易容师只是将这个逃犯易容成了自己前几天在新闻上看到的另外一位通缉犯的样子。她特意选择了长相比较引人注目的类型,这样,只要逃犯一出现在街上,警察很快就可以发现他。在我们受到他人威胁的时候,既不能只是感到害怕,也不能完完全全地妥协,要表现出顺从的样子,然后想出好的办法来解决问题。变了脸,却无法改变逃犯的身份,女易容师很聪明吧?

胡言乱语也能救命

有一个大胆的小偷竟然偷偷地溜进了皇宫,偷走了皇上喜欢的珠宝。不久小偷被抓住了,皇上亲自下令处死小偷,小偷请求皇上能够原谅自己。

皇上也很仁慈,他说:"你犯了大罪,是不可能逃脱死刑的,但是我可以同意让你自己来选择一种死法。"

小偷想了一下,大声说道:"皇上,请您让我老死吧。"

故事里的小偷在生死关头非常急智,虽然看起来是胡说,但是正好抓住了皇上一言九鼎的机会,成功地挽救了自己的生命。

无独有偶,另外一个关于皇上的故事也非常相似。有一个擅长预言人生死吉凶的算命的预言皇上的宠妃很快就要死掉了。果然,不久之后,这个宠妃就去世了。皇上听到市井流传的算命的预言,原本就十分伤心的皇上更是非常愤怒,想要把他杀掉。

他派人请来这位算命的,对他说:"既然你真的能够预测人的生死,那么你好好算一算你自己的死期是什么时间吧?"

皇上已经下定决心要杀害这位算命的,结合上面已经讲过的小故事,如果你就是这位算命的,你知道怎么回答才能保命吗?

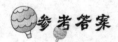 **参考答案**

这位算命的想了一下从容地回答道:"皇上,我既然能够预知生死吉凶,自己更是不可能落下的。我每天晚上都仔细观察天象,早就已经知道自己的死期了。我将会比您早死三天。"算命的虽然是胡说,但是皇上非常爱惜自己的生命,加上宠妃果然如同预言一样死掉,皇上更是只能信其有不能信其无。算命的正是料定了皇上的心理才这样回答的。怎么样,你的答案如何呢?

被怀疑的酒后驾车

一天晚上,英国伦敦发生了一起车祸。一辆货车撞死了一名女子。

因为事故发生在半夜,根本无法找到旁证。当货车司机被带到交通事故组盘问时,他还有一身的酒气,很明显是酒后驾车引起的车祸,出这种事

故是要判重刑的。然而司机却解释道:"我保证没有喝酒,只是去酒吧找过一个朋友,他当时喝醉了,酒水洒我一身。我开车时精神头还是正常的,我看到那女子横穿马路,从很远我就按喇叭让她躲开,但是她宛如没有听见。等我刹车的时候,已经晚了。对这场事故我是有责任的,也很遗憾,但那个女的也是有责任的。"

警官最初不全信他的话,结果法医交给他验尸报告,他才说:"这的确只是一场意外事故。"

是什么缘故使警官信赖这个司机并非醉酒驾车呢?

参考答案

因为那个女人是聋子和瞎子,根本听不见也看不到货车的到来,所以才发生了这场意外事故。

耳朵里的麦粒

有一天，一个农民正在扬场的时候突然一阵风吹了过来，他木锨上的麦粒顺着风的方向纷纷直冲着他落了下来，弄了他一头一脸的灰。更加倒霉的是，有一颗麦粒正好掉进了他的耳朵里。这个农民觉得耳朵里非常难受，于是就用了各种方法想要将麦粒从耳朵里边掏出来，但是却无论如何也没能成功。于是，倒霉的农民只好去了医院。

一个年轻的医生接待了他，医生拿着各种工具对着他的耳朵搞了很久，但是这颗麦粒又圆又滑，反复试了几次都没能成功。农民痛得龇牙咧嘴的，年轻医生也好不到哪里去，急得满头大汗。

这个时候一个老医生看到了这个情况，问清楚了之后他笑着说道："放过这只可怜的耳朵吧，这样很容易伤到耳膜的，一不小心变成了聋子可就不好了。"

农民一听更是急了："我才不要变成聋子，老先生您有什么办法吗？"

老先生笑了笑，胸有成竹地说："我有一个好办法，你每天早上起床之后往自己的耳朵眼里滴一滴清水，过不了几天这个问题就可以解决了。"

农民还没有说话，年轻医生就非常好奇地问道："这是什么办法，我在学校读书的时候从来没有听说过，真的可以吗？"

老医生点了点头，对农民说一定要有耐心，不要急躁，过几天再来找他。

农民按照老医生的方法做了两天之后，觉得自己的耳朵里痒痒的，又不敢轻易去碰，就再次来到医院。老医生检查了之后笑着说："别急，还需要两天就可以了。"

果然，两天之后，老医生非常轻松地就将那颗麦粒从农民的耳朵里取了出来。

你猜到这是怎么回事了吗？

老医生的办法其实也是在这种紧急情况下想出的，是符合常规的，就像年轻医生所说的课本里没有的方法。那就是借助农民的耳朵来孕育麦粒。麦粒每天吸收一点水分，就可以渐渐长出麦苗来。而且麦苗是向光的，所以会向着耳朵外面长，长出麦苗之后，麦粒的体积就变大了，而且也不再圆滑，很容易就可以取出来了。既然麦粒无法强硬地取出，那么不如换个思维。生活中你是不是也遇见过这样的情况呢，现在是不是有更好的办法了呢？

神枪手之间的比拼

国际刑警凯格尔和杀手路莫都是神枪手，两人虽比试过多次，但却未分出高下来。一天，凯格尔接到路莫的挑衅，请他到本市未竣工的最高建筑——兰顿大厦楼顶比出个上下来。那天，天公不作美，为这场决斗制造了越发惊险的氛围。

决斗前，凯格尔去了好朋友希格家，由于有些着急，就拿起希格新买的模型枪玩了起来。送走凯格尔后，希格开始整理房间，但是他察觉到——凯格尔带走了自己的玩具枪，却把他的真枪留在了自个儿家里！希格怕自己的好友命丧于路莫的枪下，便赶快驾车去了决斗地点。

兰顿大厦还未竣工，但是没有电梯。希格好不容易爬到楼顶，但是面前的情景令他大吃一惊——凯格尔拿着模型枪，发愣地站在那边，而路莫却躺在地上，一动也不动，手里紧握着银色的左轮枪。

"他……死了？"希格问道。"是的！""你……杀了他？""他……他是……"你明白路莫是怎么死的吗？

路莫是被雷劈死的,因为金属枪导电,而塑料玩具枪不导电。

悬崖上惊险的一幕

有两个画家一起到一座风景美丽的山上写生,他们到处寻找最佳的地方,不知不觉来到了一处视野很宽阔的悬崖。一个画家画完了之后,习惯性地向后退去,想要好好看看自己的作品是否满意。可是就在画家完全沉浸在对自己作品的鉴赏之中的时候,他已经渐渐地退到了悬崖的边上,再退一步就非常有可能掉进身后的万丈悬崖。

在这个紧急而惊险的时候,一起的那个画家发现了这个情况,他的脑海里迅速地闪过了几个方法来阻止危险的发生。大声呼喊让画家退回来或者跑过去把他抱住。但是这两种方法都非常危险。想想看,前一种方法可能会很有效,但是如果那个画家在专注的时候突然听到大声的呼喊,很可能会受到惊吓而更加快速地后退,所以这个方法是有危险的。那么另外一个呢,另外一个办法既需要时间,又需要很敏捷的身手,一旦失手也可能会造成悲剧。画家脑海里飞快地闪过各种念头,这时他突然想到了一个办法。

你知道什么办法这时候最好吗?

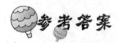参考答案

原来急中生智的那个画家飞快地跑向了那幅正在被观赏的画,迅速地将它撕成了碎片。靠近悬崖的那个画家一看见这个情形马上冲了过来,想要抢救自己的画,正是这样看起来充满恶意的举动救了他的命。有时候我们就是要往一些很反常的方向去想,当正常的思维无法解决的时候,一定不要忘记还有急智思维哦。

巧妙索取新借据

一个商人从张三手里借走了 2000 枚金币,但是粗心的张三第二天却突然发现自己不小心将商人写给自己的借据弄丢了。怎么找也无法找到借据的张三急得满头大汗。他急忙跑去找自己被称为"智多星"的朋友小李。他带着哭腔说道:"我弄丢了借据,如果那个商人知道这件事情,大概就不会把钱还给我了。2000 枚金币,我可损失不起啊,你快点儿帮我想想办法吧。"

小李认真地想了一下说:"我们可以重新从那个商人手里要回一张借据。"

"这怎么可能,这是最烂的方法了,他知道了就更不会还钱了。"张三感到很生气。

"相信我,一定可以的。"小李笑了笑说,"你现在就立刻给那个商人写一封信,就说你需要那笔钱,希望他能够尽早把从你这里借走的 3000 枚金币还给你。"

"但是我只借给了他 2000 枚啊。"

"就按我告诉你的写准没错,我什么时候骗过你?"

张三也实在无法想出更好的办法,虽然有一点儿将信将疑,但是还是按照小李的要求给那位借钱的商人写了一封信。果然,8 天之后,张三就收到了一张来自商人的新收据。

你知道这张新的收据是怎么来的吗?

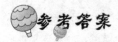参考答案

大家可以想想,如果你原本从别人那里借了 2000 枚金币,却突然收到对方追要 3000 枚金币的信件,也一定会觉得对方搞错了,而匆忙回信说明情况吧?商人也是这样,他更是在信中着重强调了自己从张三手里借到的是 2000 枚金币。而这封出自商人亲手书写的信,自然就可以当作是张三的新"借据"了。是不是很巧妙呢?

失足摔死

戴蒙和大卫是很好的朋友,但因为戴蒙有偷窃的毛病,有一次偷了大卫家的银器被察觉到后,大卫把他赶了出去,两人以后不来往了。因此,戴蒙怀恨在心。

这天,戴蒙从大卫家路过,望见大卫正在给台阶、门窗刷油漆,就悄无声息地翻进院子,突然将梯子推倒。大卫从半空中摔下来,头恰好碰在一块尖石上,就这样去世了。

戴蒙见没有人望见,急忙翻过院墙,来到大路上才定下心。

这时,索亚警长坐着四轮马车来到了此处,戴蒙头脑一转,主动跟警长

打招呼，要求搭便车。警长让他上了车，当路过大卫家时，戴蒙大喊停车，说有事要找大卫。

戴蒙绕过台阶，直接到窗户前敲着玻璃高喊："大卫！大卫！"没人应答。突然，戴蒙大喊道："不好了！大卫摔死了！"索亚警长一听，急忙跑下车一看。只见大卫仰面朝天，梯子压在身上，油漆洒了一地，看来他是在刷油漆时摔下来的。警长察觉到台阶和门窗的油漆还没干，从大卫跌倒的姿势看，明显是被人推倒摔死的。他想了想，突然抓住戴蒙说："你是凶手，还自作聪明，想让我证明你有不在场的证据，可这恰好表明作案的便是你！"

警长的依据是什么呢？

 参考答案

警长看见戴蒙不上台阶，只敲玻璃而不去敲门，从而推断出他刚才来过

这里,知道台阶和门窗上有油漆。

聋哑人的真假

一天,一个机关里来了几位穿着打扮十分时尚的姑娘,她们中的一个人从随身携带的背包里取出了一封介绍信,只见上面写着:"因为家乡遭受了自然灾害,请给予适当援助。"上面还盖着某乡政府的大红印章。机关的同志其实是很有同情心的,但是看着她们的打扮,心里难免会有点儿怀疑。一个叫小王的忍不住说道:"你们这身打扮,怎么看也不像是受灾的人啊。"

听到这话,这几个姑娘却还是不说话,只是站在那里看着大家。过了一会,一个姑娘从自己的背包里掏出了一张纸,在上面写道:"我们都是聋哑人。"之后又从自己的背包里摸出了一些毛笔。这样一来,大家就知道了。最近电视常常都有报道,一些人故意冒充聋哑人,高价贩卖一些质量很差的毛笔。于是大家就觉得将这几个姑娘轰走好了,可是大家不管怎么劝,怎么说,这几个姑娘都装作自己听不见,也没有开口说任何一句话。

一直在一旁沉默的小刘这时候站出来说:"大家还是不要说了。她们是聋哑人,自然听不到我们说话,好在我以前学过一段时间的手语,让我来和她们交流吧。"边说着,他开始打起了手语来,过了一会儿他停了下来,但是那些姑娘们却没有回应他,而是你看看我我看看你,不一会儿就全都自动走开了。

同事们都非常奇怪,纷纷对小刘说:"挺厉害的嘛,以前还真不知道你会手语呢!"

小刘真的会手语吗,你知道姑娘们为什么自动离开了呢?

相信大家也猜到了,小刘其实根本就不会手语,只是胡乱地比划了一下。这是因为他已经确定那些赖着不走的姑娘们是假的聋哑人,只要自己

装成会手语的样子,对方不会,这出"真聋哑人"的戏也就没法唱了,自然就会离开了。像机关这种地方,不能够随便对群众推推搡搡,小刘的这种做法正是在这种为难情况下想出的妙计,让骗子自己露出马脚是最好不过的了。

告密的狗

武田过去是农业部的重要人员,他在职时期,贪污了大量的公款,钱数高达6亿日元,后在伊豆半岛购买了一幢小山庄隐居起来,为了躲避执法部门的制裁,等候时效期过去。丛林深处只有武田一家,要说邻居,便是在距离武田住处几百米的别墅里住着一位耳聋的老人和他养着的一条母狗。

春末夏初的一个晚上,一辆小轿车开到武田家门口,一个四五十岁的很有绅士风度的人大摇大摆地从车里下来,趴在后排座位上的一条大狗隔着窗户很担心似的看着,那是一条名贵的猛犬。绅士跌跌撞撞地走到房前打门。

"我正赶路,回东京,突然头疼得很厉害。要是有止痛药,能给我点儿吃吗?"绅士很难过地说着。遇上有困难的人不好拒之门外,武田将客人请进客厅,借着灯光观察着病人时,武田顿时一惊。那不正是自己上班时的上司千井局长吗?因隐瞒了自己的部属,也更是因对武田的贪污失察而辞职,现在在外围团体里当办事人员。

千井因为头痛而视线不清,也并没认出武田。要是给千井吃了止痛药,他头脑一苏醒就会认出从前的部属,对武田来说,这很危险。因此,武田趁千井吃药之时从其背后用绳子勒死了他。事发后,武田在后院挖了个坑把遗体埋了。

"啊,差点儿忘了那条狗。"

就这样,武田从冰箱里拿出肉来,默默地靠近车旁。

但是,狗不见了。好像千井下车时没关车门,狗不知跑到哪里去了,大概是躲在哪儿了。武田在四周找了一圈儿还是没有找到,他担心那条狗会从暗中突然蹿出来扑向他,他有点儿畏惧了。

心惊肉跳的推理

不久,狗从树林里走转了回来。武田警戒地拿起铁锹,扔给了狗一块肉。狗一口吞了下去,又向他走过来,他又扔了好几块,当狗只顾吃肉时,武田举起铁锹猛地向狗头砸去。

狗的遗体和千井的遗体被埋到一个坑里,小汽车被武田开到东京,弃在一块空隙处,第二天武田返回伊豆的山庄。

3天后,报纸登出了千井失踪的消息。报道说找到了车子,但千井与爱犬一同失踪。那条狗是英国犬种,日本只有几只,非常宝贵。直到有一天,一队警察来到武田的小山庄,警察们手里都拿着锹,武田惊呆了。警察将其院落挖了个遍,找到了千井及其爱犬的骨骸。

武田虽然已不抱希望了,但不晓得为什么事情会被察觉,就问了警察。"可以说是百万分之一的偶然,是你邻居别墅的母狗报告我们的,这是狗的告发。"警察给了武田一个很不清楚的回复。狗怎么能告密呢?

参考答案

千井的爱犬在被武田杀害之前和邻居的狗交配了。因为邻居的狗生了好多珍贵的小狗,别墅里的老人很纳闷儿,就去宠物店咨询,警察才由此得知。

聪明的女教师

一个青年女教师因为去参加一个朋友的生日宴会直到凌晨才往家走。她一个人走在昏暗而又长长的大街上,觉得十分害怕。就在她拐进最后一个胡同的时候,突然从拐角处冲出来一个高高的男子,手里拿着一把尖刀,恶狠狠地对着她。

女教师向后退了几步,害怕地问:"你想要干什么?"

"我不想伤害你,"高个子男子说,"我只是需要钱,把你身上最贵重的东西给我一件就可以了。"

女教师感觉安心了许多,她一边用大衣的高领悄悄地掩盖住自己脖子上的项链,一边用另外一只手把自己耳朵上的耳环取了下来,扔到了男子的身前。然后问道:"现在我可以离开了吗?"

男子仍旧拿着尖刀,并没有去捡地上的耳环,而是冷笑着说道:"小姐,别和我耍心眼,快把你的项链扔过来!"

"先生,这条项链并没有那对耳环值钱。"

"少废话,让你扔就赶紧扔过来!"

女教师只好不情愿地摘下自己脖子上的项链交给男子。等到男子离开之后,她才不慌不忙地将地上的耳环小心地捡了起来。女教师安全地回到了家,也并没有不开心,因为她其实并没有损失什么。

你知道为什么女教师明明失去了自己的项链还要说并没有损失什么吗?

参考答案

女教师其实是在紧急关头采用了声东击西的办法,真正值钱的是她一开始扔给男子的耳环。她故意用衣领遮住项链,就是为了让男子认为项链才是真正贵重的,而毫不犹豫扔过去的耳环根本就不是什么值钱的东西,这样她就可以成功地骗过男子了。大家都知道,在危险的时候,身为比较柔弱的一方是不能够和强者硬拼的,要学会妥协,但也要妥协得有技巧,这样可以降低自己的损失。这样的小计谋在很多地方都可以派上用场,大家可以记下来在生活中多加研究和应用哦。

女画家

初夏的一天下午,私家侦探格林有个案子需要调查,在豪华公寓的最顶层访问了画家芬妮。

"昨天下午3点你在哪里?"格林要她提供不在场证明。

"在阳台写生画一幅画,就是这一幅。"芬妮给他看了放在画架上的一幅油画,是从楼顶上仰视摩天饭店的景象,画得很不错。"我前天刚出院,因为交通事故住了3个月医院,昨天一直在家画画,为了好打发时间,而且这样的好天气,还可以好好享受阳光。"芬妮笑着说道。

"怪不得您的肤色这么健康的微棕,现在几点啦?我忘记戴手表了。"格林问道。

"六点半。"芬妮抬起了左手腕看着手表答道,她的左手手指非常白皙柔嫩。

芬妮觉察到格林正注意自己的手,"您怎么了?"她不安地问道。

"您晒了两天日光浴,而且还在画画,我觉得有些蹊跷,左手竟然一点儿也没晒黑。"

"左手只因端着颜料板,才没晒着呀!"芬妮突然觉得说漏了嘴,慌忙不说话了。但是格林已经知道她撒了谎。

芬妮的破绽在什么地方？

参考答案

画画时,拇指因为会扣在颜料板的凹槽处一定会被晒黑的。而芬妮的5个指头都很白皙,所以引起格林的怀疑。

巧妙逃生

一个叫汤姆的年轻人在泰国旅行的时候不幸被当地的人贩子抓住,他被剥光了衣服关在一间浴室里,第二天就将被卖到那种专门观赏人妖的夜总会去。汤姆是个很有自尊的小伙子,一想到自己要被做成人妖就觉得非常屈辱,与其那样,倒不如直接自尽好。

但是这个困住汤姆的浴室里除了一个浴缸就再也没有其他东西了,他自己的衣服也被全部拿走,连一条能拿来自尽的布条都没有。浴室他选择直接撞墙自杀,但没想到人贩子连这点都考虑了,这里的墙是用一种硬橡胶做成的,想要撞死非常难。最后,撞得头昏脑涨的汤姆决定躺在浴缸里,扭开水龙头,淹死自己。但是自杀还是很艰难,每当他觉得自己无法呼吸的时候,就忍不住顺着自己求生的意志从水里面坐起来。这样反复几次,汤姆几乎绝望了。

就在这时候,他突然发现一个奇怪的现象,原来自己所处的这个浴室的门竟然是完全密封的,因为那些水即使从浴缸里漫出来也无法流到门外去。而且这个浴室的四周也没有窗户,只是在屋顶上有一个轮胎大小的换气窗用来透气。于是汤姆索性把水龙头打开,将水放满整个浴室,他自己熟知水性,这样就可以在这里快活地游一会儿泳。反正暂时自己也想不出来办法逃生,不如痛痛快快地放松一下。

但是,就当水位越来越高的时候,汤姆的眼睛突然亮了,一个办法出现

心惊肉跳的推理

在他的脑海里。他把水龙头放到最大，身体静静地浮在水面上，半个小时之后，汤姆竟然不知不觉地逃离了关押自己的浴室，从路旁找到东西裹住自己的身体走到了警察局，警察很快就抓住了这伙人贩子。带头的警官有点儿奇怪地问道："这里看守得这么严，先生，您是怎么逃出来的呢？"

你知道这是怎么回事吗？

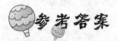 **参考答案**

汤姆在危机关头突然冷静下来，这让他重新开始思考可行的办法，于是他想到既然水可以不断涨上去，那么也可以涨到屋顶的天窗。自己水性很好，只要浮在水面上积累体力，等到接近天窗的时候游出去就可以了。就靠着这样的办法，他不但自己获救，还帮助警察逮捕了这群人贩子。所以，越是危急的时候我们越是要让自己冷静下来，冷静下来才有发现生路的机会，冷静下来我们才能更好地运用自己的急智思维，从而换来安全。

死坦克的复活

第二次世界大战的时候，前苏联军队和德国军队不断交锋，但是在一次战斗中，苏联军队的一辆坦克竟然在冲入敌人阵地的时候不小心陷进了一个水坑里面，发动机也因此完全熄火。看起来，坦克里边的士兵这样孤身陷入敌营，除了束手就擒之外似乎没有任何办法。

这时候德国士兵也发现了这个现象，于是他们一窝蜂地冲了过来，敲打着坦克，喊着："快点儿投降，你们跑不掉了！"

"苏联人绝对不会向法西斯投降的！"坦克里边传来了非常坚定的声音。

气坏了的德国人于是找来了大量的稻草和汽油，决定将坦克里的前苏联士兵活活熏死。他们再次警告地喊道："给你们一分钟的时间，要么投降，要么死！"

话音刚落，坦克里边就响起了三声枪响和三声惨叫。在那之后，不管德国人如何呼喊都没有任何回应了。德国士兵断定苏军士兵一定是自杀了，于是他们爬上坦克，企图看个究竟。但是，坦克的舱门被人从里面反锁了，怎么也打不开。德国士兵看了看，觉得这辆重型坦克本身的价值还是很高的，于是他们申请了上级，重新调来了一辆坦克想要将这辆坦克从水坑中拉出来。

但是，当他们费尽气力将这辆苏联坦克拉出水坑的一刻，意想不到的事情却发生了，这辆大家认为已经"死掉"的坦克突然重新发动起来，巨大的力量连新调来的德国坦克也无法抗衡，于是大家只能眼睁睁地看着苏军士兵将这两辆坦克通通拉回了自己的阵地。

你知道"死坦克"为什么会突然复活吗？

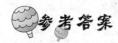参考答案

原来那几个苏军士兵根本就没有自杀，在生死关头，他们发动自己的急智思维，决定赌上一把。他们猜到德国士兵一定不会放弃这样一辆重型坦克，只要将坦克拉出水坑，他们就能够再次启动坦克，自然就有了逃生的希望。这种假装死亡蒙骗敌人的方式也是我们在生死关头挽救自己的一种智慧的体现。

有毒的香烛

黄丽雯女士是一位虔诚的佛教徒，每到初一和十五从不间断地都要去观音庙拜观音。

黄女士的螟蛉义子早就为了夺取她的财产而想害死她，于是乎想出了一个计划，把毒液掺入她随身携带的一支香烛上没被其义母发现。

但是黄女士却一直没有用上这支香，义子心急之余只好等待"佳音"。

又来到了九月初一，黄女士按照惯例一早就到了观音庙，由于路上下雨，她的香烛都湿了。

　　这次黄女士比平日添了更多香油钱,庙里的庙祝很高兴地过来帮忙点香。黄女士这一次拿出来的是"有毒"的粗香,好不容易才点着了它,可是庙里的庙祝随后七孔流血当场倒毙。黄女士吓了一跳急忙奔出庙堂。

　　为什么只有庙里的庙祝中毒,而黄女士却没有事儿呢?

参考答案

　　因为香烛湿气过重,要很用力去吹,才能点着。此时正好庙祝来帮忙,庙里的庙祝在黄女士吹香时,吸了毒气而被毒死。

是英雄还是劫匪

有一天，一家瑞士的银行发生了抢劫案，5 名匪徒手拿着 6 发弹左轮手枪，从银行掠夺走了 3000 万美元后，驾车向城外逃窜。抢劫案发生后，银行保安部负责人罗蒙立刻骑上摩托车往劫匪逃窜的方向追去。

罗蒙走时匆忙忘记了拿手枪，保安部的助手马上找来几名保安一起开车前去帮忙。一声枪声将他们带到了了无人烟的山沟，等赶到时却只见 5 名劫匪倒在地上已经死了，罗蒙的左臂也受了枪伤。过来的助手急忙从地上捡起被抢的装钱的箱子，手扶着罗蒙，满载而归。那天晚上，银行全体为罗蒙举行庆功宴会，一些地方官员和刑警队长加里也被邀请来参加。宴会上，银行董事长很郑重感谢了罗蒙，并让他向大家介绍勇斗劫匪的经过。

被众人围绕的罗蒙微微笑着,走到台前说道:"我追上他们时,他们正要准备分赃。一个望风的劫匪发现了我,向我连开两枪,这也打中了我的左臂。我冲上去抢过了手枪,一枪把他打死。另外4个劫匪一看全部向我扑来,我躲在岩石后面连开了4枪,将他们打倒在地。这时,救援的人已经赶到了……"

话音刚落,加里神态严肃地走到罗蒙面前说:"你演的戏该结束了,你和那帮劫匪分明就是一伙的!"嘉宾们听了,很吃惊,不知道加里为什么会这么说。

当然经过调查,罗蒙确实是劫匪的同党。他独自去追,其实是去分赃的,可是见到援助的保安人员赶来,怕露出自己的马脚,就打死了同党,又故意打伤自己。

请问,加里是怎么样识破这个骗局的?

 参考答案

劫匪使用的是6发弹手枪。罗蒙说的细节里面总共打出了7发子弹,这就是这次谎言的破绽所在。

瞎眼的牛

有一个农民养的牛丢失了,他找了好久才发现原来是被一个人偷走了。但是小偷坚决不肯承认那头牛是偷来的,声称是自己一直养着的。于是农民没有办法,只好到乡政府去状告小偷。

领导决定让农民和小偷当面对质。小偷一点儿都不害怕,还扬言说:"他说我偷了他的牛,莫非这牛身上写了他的名字?有本事就拿出证据来。"

农民虽然非常生气,但是早就已经见识过小偷的无赖了,因此也不和他争论。而是快步走向自己的牛用双手捂住牛的双眼说:"我的这只牛有一只眼睛是瞎的,既然你说它是你养的,那么你说哪一只是瞎的呢?"

小偷一下子就慌了,他偷回来的时候也没有注意,自己根本不知道哪只眼睛是瞎的。一面暗暗在心里埋怨自己的不小心,一面为了应付只好瞎猜地说:"是左眼。"农民听后将左手松开,大家一看,牛的左眼炯炯有神,哪里是瞎的。

　　小偷马上争辩道:"不,因为太着急所以我记错了,是右眼,右眼是瞎的,这回准没错了。"

　　小偷本来就一直抵赖,虽然听起来感觉他就是在撒谎,但是如果他抵死不认的话还是没有办法。但是农民却轻松地要回了自己的牛,你知道这是为什么吗?

参考答案

　　原来这个牛的两只眼睛都是好好的,农民特意无中生有,目的就是让小偷自己露出马脚。这样一来,谁才是这头牛的真正主人就不言自明了。

设计杀情敌

　　这次的朋友聚会,彼得的目的是杀他的情敌瑞恩的。因为,彼得深爱着的女孩琳达和瑞恩正在往来!

　　晚上,彼得、琳达、约翰下班后来到酒吧,进入包间坐下,打开了空调。

　　但是瑞恩还没到,彼得和约翰问琳达,瑞恩为什么没来。琳达说瑞恩这段时间异常低沉,因为他和顶头上司有不高兴的地方了,特别的压抑。他们都知道瑞恩的性情不好,就没说什么,几个人一边喝茶谈天一边等他的到来。

　　中午12点他终于来了,于是几人坐下来,彼得面南背北,左边是琳达、右边是约翰、坐在对面的当然是瑞恩。各人叫服务员把菜单拿过来,彼得接过菜单先看了看,随便点了几个菜,然后彼得把菜单递到别人面前,让他们看看吃什么菜。菜点好了,又叫了一箱啤酒。菜来了,各人聊着近期自己的事

情,可瑞恩一直不开心地喝闷酒,偶尔诉苦一下工作上的苦楚及对上司的不满,乃至另有了自尽的念头,众人都吓了一跳,劝他事情不开心的话就别干了,但是由始至终他不停喝酒,意志消沉。

彼得又提议再点几个菜,朋友们都没意见了。彼得叫服务小姐把菜单递过来,翻来翻去看了好久,拿不定主意,就把菜单伸去给朋友们看。琳达点了一道菜,约翰没有点什么,瑞恩点了一个汤,彼得接着也点了两个菜。把菜单放在一边跟大伙聊起了天。

没过多久,突然看到瑞恩在喝了一口酒后,宛如被呛了一下,头猛地撞在桌上,再一看瑞恩已经过世了。剩下的三人慌了,一边报警一边把老板叫来。警察来了之后,分析了现场环境,把厨房里的食品都取样化验,询问了几人及饭店老板后,就把遗体运走了。

法医的结论是瑞恩吃进了氰化钾这种致命毒药,但是化验了餐桌上的东西,就瑞恩的杯子里有氰化钾。警方了解到瑞恩与上司的关系不太融洽,有过轻生的念头,并且在用饭时没有人朝瑞恩的杯子中放东西,于是认为瑞恩是自尽。

其实瑞恩是被彼得毒死的,但是彼得是怎样在大庭广众之下往瑞恩的杯子中投毒的呢?

参考答案

彼得在第二次点菜时下的毒。彼得事先在指甲中放入氰化钾毒药,在把菜单递给受害者时在他的酒杯里下的毒,所以其他餐具上是不会有氰化钾残留的。

谁是烟袋的真正主人

一天,县衙里来了两个争执不休的人。县官大人询问之后才知道两个人是为了一管旱烟袋争吵,双方都咬定这管烟袋是自己的。

其中一人说:"这个烟袋是我的心爱之物,当年花了重金才购买到的。"

另外一人也大声说:"你胡说!这烟袋是我父亲留给我的,我已经用了接近20年了。"

县官听着两个人的争辩,又仔细看了看自己手中的这管烟袋。脑子里已经有了方法,于是就说:"这管烟袋确实挺好的,制作的工艺也不错。你们两个虽然各执一词,但是谁也没有证据,所以这管烟袋不管判给谁都不大公平。这样,本官出15两银子买下这管烟袋,你们每个人分得一半。在这之前,我可以破例让你们在这个公堂之上各抽三袋烟。"

两个人听了之后想了想也只能这样办了,就同意了。

在抽这最后三袋烟的时候,第一个人一旦吹不出来烟灰就连续在地上敲击这个烟袋,把烟灰敲打出来。而第二个人吹不出来烟灰的时候就拿出一张纸片将烟灰仔细地挑出来。等到这两个人都抽完了属于自己的三袋烟之后,县官猛然将手中的惊堂木狠狠拍下说道:"你们中谁真谁假我已经知道了,还不认罪招供!"

你知道烟袋的真正主人是谁吗?

参考答案

第二个人才是烟袋的真正主人,因为他非常爱惜烟袋,正如他自己说的,是自己父亲留给自己的。而第一人明明说烟袋是自己的心爱之物,但是却丝毫不爱惜,吹不出烟灰的时候就在地上不断敲击,按照这样的使用方法,烟袋恐怕早就已经损坏了。所以,聪明的县官一下子就看出了谁是烟袋的真正主人。

半夜的争吵声

半夜的时候,刚刚结束加班的小王才赶回家,她开灯之后发现丈夫已经睡熟了。于是就一面脱下衣服,一面轻轻地从梳妆柜上拿起木梳梳头,不想打扰到新婚不久的丈夫。但是就在她梳头的时候,她突然发现镜子里的床下面有四只脚。

她吃了一惊,但是努力装出不知道的样子,脑袋里却在飞速地思考着,一定是小偷潜进来了。可是现在正是半夜,自己的丈夫又睡得很死,而且对方有两个人,即使丈夫醒来也没有打赢的把握。

这时候她突然注意到梳妆柜上的热水瓶,一条妙计出现在她的脑海里。于是她做出想倒开水喝的样子,摇了摇热水瓶,发现里面是空的,于是大怒。她猛地将手中的热水瓶摔到地上,热水瓶摔得粉碎,巨大的声音惊醒了梦中的丈夫小张。

"怎么了?"小张有些惊讶地问。

"叫你准备开水你怎么不准备,刚刚结婚就摆架子给我看是吗?"平时非常温顺的小王大声吵了起来。

小张感到非常奇怪，梳妆柜上放着的热水瓶其实是用来装饰的，从来也没有装过开水啊。而且，要是想喝开水的话，厨房里明明有啊。于是，小张用手朝厨房里指了指，就又继续准备睡觉了。

哪知道小王竟然又顺手摔了一只杯子，并且拎起自己的箱子开始往外走，边走边骂："你睡吧，睡吧，我走了就是了。"

小张虽然不知道怎么回事，但是眼看着新婚的妻子就要走了也马上追了上去。开了门，却发现小王竟然不走了，倚在自己家的门上大哭大闹，吵着要马上和小张离婚。

你知道这是怎么回事吗？小王不喊人捉贼反而和丈夫吵闹是为了什么呢？

 参考答案

小王这样做的原因很简单，她首先是让老公和自己出来，这样就避免了小偷突然袭击。同时在走廊里大吵大闹，肯定会吵醒邻居们，等前来劝架的邻居多了她就可以把真相说出来。到时候人多势众，就不害怕小偷了。在紧急的时刻还能保持这样的思考，不得不说小王是一个很会利用急智思维的人。

毒药在哪里

一天早上，一位住在犹太人集合地的年轻人被杀死在她的房间里，她穿着睡衣躺在床上。

据观察推测，殒命时间是前一天夜里9点左右，去世的原因是氰化钾中毒。不仅没有找到遗书，也没有看到服毒用的容器。所有房门和窗户都上了锁，是一间完全密闭的密室。警方据此断定她为自尽。

但是，名探斯莫尔对自尽结论保持疑问的态度，去世者是一位虔诚的犹太教徒，而犹太教是克制自尽的，很难想象一位犹太教的老实人会做破坏戒

律的事儿而去自尽。还有呢,据斯莫尔所掌握的情报,近来那个年轻人已决定再婚。

警方听到斯莫尔的观点和分析,因为罪犯在毒死这个女人之后很难从这间密闭的屋子里逃出去,因此,他杀的推测不能成功地说服人。但是,斯莫尔从公寓管理人员那边得到情报,昨天夜里有人去过被害者的家。此人是她的小叔子,也便是她去世的丈夫的弟弟。他昨晚 7 点左右去的,离开的时候约摸是 9 点。不过,他告别的时候,被害者还将他送到公寓的大门口,这是公寓管理人员亲眼所见,确认不误。

尽管这样,通过一番缜密的推理,斯莫尔仍然认定被害人是他杀,去世者的小叔子便是凶手,即便是还没有证据。

那么,凶手是怎么去投毒的呢?

毒药是放在《圣经》里的，死者是一位教徒，一定会经常去阅读《圣经》，而警察也很容易疏忽《圣经》其实也可作为盛毒容器这一细节。

智斗扒手的安娜

有一个叫安娜的女子一次在乘坐公车的时候，感觉到一个人的手伸向了自己的胸部，她意识到自己的钱包恐怕是被扒手摸去了。但是她知道如果自己大声喊叫出来的话恐怕会被扒手的刀子伤到。眼看着就到最后的终点站了，她急中生智，暗暗地设下了一个小圈套。

等到公车停稳之后，安娜第一个冲出车厢，对着执勤的警察说："请先不要放人出站，我的钱包被人偷走了，请你们帮我查一下哪个是小偷。"

警察虽然非常同情安娜的遭遇，但是看着开始走出车厢的人还是有些无奈，只好对安娜说："这里是终点站，不放任何人离开是没有问题，但是我们没有权力对所有的旅客都搜身。"

安娜镇定地说："当然不需要，您只要请所有的男人脱下自己的鞋子，查看下他们的脚背就可以找到扒手了。"

于是，按照安娜的建议，所有的男旅客都被警察集中在一起，每个人脱下自己的鞋子接受检查。果然发现一个男子的脚背上有一块红肿，和安娜描述的完全相同。接着，警察们在这个人身上搜出了安娜的钱包。

你知道这是怎么一回事吗？当时安娜的背后站着好几个男旅客，她是怎么确认扒手的呢？

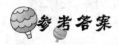

原来，聪明的安娜知道自己打不过扒手，所以她假装被前面的人挤了一

下向后倒去，然后趁着这个机会狠狠地踩了后面的扒手一脚。这样，扒手的脚背上一定会留下和安娜的高跟鞋形状相似的痕迹，也降低了警察排查的难度，扒手自然就会落网了。在公车上遇到小偷，这样的事情经常发生在我们的生活之中，有些人自认倒霉，有些人不懂得妥协反而被小偷伤害，故事中的安娜却很懂得在危急的时刻认真思考，留下痕迹等到危险过去，得到帮助再抓获小偷。你学会了吗？

老农装聋作哑

有一个老农在休息的时候将自己的一头驴子拴到路边的一棵大树上，这个时候，另一个男人也牵来了一头驴子，也想要拴在这棵树上。看到这个情况的老农上前劝说道："俗话说得好，一棵树上不能同时拴两头驴子。更何况我的这头驴子性格十分暴躁还没有完全驯服，如果你将你的驴子拴在一起的话恐怕会出乱子。你还是选择旁边的树吧！"

老农本是好意规劝，但是陌生男人却丝毫不领情，反而发起了脾气："老头儿！这棵树你拴得为什么我就拴不得？我偏要拴在这棵树上！"说完，将自己的驴子拴在这棵树上离开了。

一会工夫，这两头驴子果然开始打了起来，相互又踢又咬，老农的驴子性格暴躁，力气也大，很快就将陌生男人的驴子弄得遍体鳞伤。陌生男人办完事情回来看到这个情形，马上愤怒地拉住老农说："老头儿！我的驴子被弄成这样，你要赔偿！"老农试图与他讲理，但是陌生男人却不依不饶，说什么都要老农赔偿。两个人争执不休只好去了当地的法庭。

可是到了法庭之后，不管法官如何发问，陌生男人怎样高声争吵，老农就是默默地站在那里一句话都不肯说。

法官只好叹了一口气说："这下子很难办了，你们之间的原因是非怎么弄得清楚，他分明就是一个哑巴。"

"不可能，他刚刚还在和我说话，一定是假装的。"陌生男人气愤地喊道。

你知道老农为什么要装聋作哑吗？

参考答案

老农心里非常清楚陌生男人十分不讲理,不管怎样和他理论他也不会听进去,所以索性装聋作哑。法官断定老农是个哑巴,陌生男人自然不会承认,于是就将之前和老农的对话一五一十地重复给了法官。法官听完之后,自然就明白谁是谁非,于是说道:"既然这位老农之前已经警告过你了,但是你不听劝诫,责任自然都在你的身上。"法官宣判之后,老农才开口说话:"尊敬的法官大人,让他自己将事实讲述给您,不是更令人信服吗?"这正是老农大智若愚的方式,在这种无法前进的情况之下,聪明地选择沉默,等待着对手在不知不觉中说出真相,促使事物按照自己规划的方向发展,才是真正的明智。在深陷窘境的时候,我们也要适度地学会用这种大智若愚的方式来摆脱困境。

能伤人的豆腐

一个喝醉酒的男士,走进派出所来投案,他哭着说道:"我打伤了人。"

那男士说道:"我和朋友打赌,说可以用豆腐打伤人,我就用豆腐把他打伤了。"

警察不信他:"你喝醉了吧?"

男士说:"不是,真的打伤了他! 不信,我带你们去看看吧。"

男士领着警察,来到一栋公寓,只见客厅躺了一个满脸是血的男子,身边还有豆腐渣子,地上又湿了一大片。

警察被弄糊涂了,岂非真被豆腐所伤?

请你动动脑筋想想看。

心惊肉跳的推理

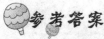 参考答案

其实男子说的是实话,可那豆腐是冻豆腐。如果是一块普通的豆腐,地毯也绝不会湿一大片。

毒苹果案

A和B是两个特工,A奉上级的命令要解决掉B,B有所察觉,所以到处都在防着A。

一天,A打电话找B到他家讨论事情,B刻意不吃A家的东西,于是他在半路上买了苹果到A家去。

A见B带苹果来,便到厨房去拿了一把水果刀,开始给苹果削皮,削完后请B吃,B不吃,A先吃起来。B也拿起那把水果刀,另外削了一个苹果给自己吃。

没过几分钟,B 就死了,是 A 下的毒。

可是,苹果是 B 买的,而且放在 B 的前面,A 绝对不能在苹果上下毒的,并且他是和 B 利用同一把水果刀来削苹果的皮的。

然而,A 却没事而 B 却被毒死了。这是怎么一个状态呢,A 是怎么毒死 B 的呢?

 参考答案

A 在刀的一面上涂了毒药。

A 只用一面削苹果而 B 不知道,而且 B 是左撇子,所以 B 死了,A 没死。

露馅的模特儿

美国著名的牙膏模特儿艾伦小姐非常美丽,可以说是一笑十金。但是

心惊肉跳的推理

— 45 —

她非常喜欢各种美丽的珠宝,为了得到这些珠宝不择手段,这一次,她盯上了一位来自远东国家的富豪阿卡布的珠宝,并且设计想要占为己有。

当天晚上,艾伦和阿卡布一起住在了美人馆,他们点了一大盘海蟹和涂满苹果酱的草莓饼,艾伦吩咐旅馆的服务员将点心直接送到房间里。但是,半个小时之后,当旅馆服务员再次走进房间准备收拾餐具的时候,却发现这对男女已经全部倒在地毯上。服务员慌忙地叫来了医生,同时也惊动了在旅馆居住的波洛探长。

经过医生的抢救,艾伦醒了过来,但是阿卡布却依旧昏迷不醒。艾伦装作一脸茫然的样子,似乎对眼前的状况完全不清楚。她看了看躺在身边的阿卡布伤心地说:"一定是有人看中了阿卡布的珠宝才在我们的饭菜里下了毒的。我看见他倒了下去,但是当我走过去扶他的时候,自己却眼前一黑,什么都不知道了。"

波洛探长看着艾伦故意张大了嘴做出惊讶的样子,露出洁白的牙齿,不禁对她产生了怀疑,于是说:"如果你没有吃这些东西的话,那么半个小时的时间足够你做很多事情了。"

艾伦马上露出委屈至极的样子,对天发誓说自己和阿卡布吃了同样的东西。

"这个你不需要发誓,我们可以马上检测一下。"探长说道。

"难道你们还要等着化验我的排泄物吗?"艾伦问道。

"不需要那么麻烦,有一种更加简便的方式。"

你知道探长为什么会怀疑艾伦吗,简便的化验方式又是什么呢?

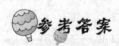 参考答案

　　探长怀疑艾伦是因为她装作吃惊样子的时候露出了自己洁白的牙齿,一点都不像吃过蟹肉和草莓饼的样子。要想知道艾伦是否吃了和阿卡布同样的东西,只需要让艾伦拿杯清水漱口,再看看吐出来的漱口水里有没有蟹肉和草莓饼的食物残渣就可以了,模特儿精心设计的谎言就不攻自破了。在很多并不便利的情况下,我们可以聪明地想一些简便的方法来解决问题。

同时，精于观察是非常必要的，这是一切智慧可以发挥作用的前提，我们在平时就要好好培养自己细心观察的好习惯，才能在任何情况下迅速地做出判断。

灯光救了老婆婆

有一个独自居住的老婆婆不幸在自己的家中跌倒了，她的头撞在了桌子上。意识开始模糊的时候，她用最后的力气伸手拿起了电话筒，拨打了急救电话。消防支队值班的拉马斯听到报警铃声之后，马上接起了电话："您好，这里是消防支队，请问有什么需要帮忙的?"

但是老婆婆马上就要陷入昏迷了，想要维持正常的对话十分艰难，拉马斯只能在电话中听到艰难的喘息声。拉马斯耐心地等了一会儿才听到了一丝难以分辨的微弱的声音："救命，我就要不行了……"

"你是谁? 现在在哪里?"拉马斯马上问道。

"我是一个老太太，在我自己家里跌倒了……"

"请告诉我们您的门牌号码，我们会立即过去!"拉马斯赶忙说。

"我……我记不清楚……"老婆婆的声音已经越来越微弱了。

"您是住在市区吗?"

"是的……靠马路……灯很亮……请快点儿……"断断续续地说完之后老婆婆大概是彻底昏了过去，话筒里边只能隐约听到她的喘息声。拉马斯意识到事态的严重，但是老婆婆没有说清自己的住址，这给救人增添了很大的麻烦。仅凭那些只言片语怎么去确认老婆婆的位置呢? 拉马斯再次焦急起来。

突然，他看到还没有挂断的电话和车库里面的十几辆消防车，做出了一个决定。

你知道拉马斯是怎样找到老婆婆的住址并进行抢救的吗?

心惊肉跳的推理

参考答案

　　在这种救命如救火的紧急关头,常规的思维即使可以解决问题也肯定来不及,所以拉马斯想出了一个办法,他让所有的消防车开着警笛沿着市区的街道行驶。因为电话没有挂断,所以消防车经过老婆婆居住的街道的时候就可以从话筒里听到声音,这样就可以命令车上的消防队员就近寻找亮着灯的住户。如果亮灯的住户太多,可以通过消防车上的话筒喊话,希望市民协助暂时关闭自己家的电灯几分钟。老婆婆已经昏了过去所以没有办法关灯,那剩下亮着灯的人家自然就是老婆婆的所在了。就是利用这个办法,托马斯将老婆婆迅速地送到了医院,成功地抢救了她。

大臣的才智过人

　　某朝,有一位大臣,人很正直,才气出众,勇于和皇帝争论是非,为民请命。因此,皇帝内心非常生气,想让他死,只是因为找不到借口而未能如愿。

　　有一天,到了百官上朝的时间,皇帝突然心生一计,对这位大臣说:"朕深知你才气横溢,出口成章。朕现在说一句,你做一句诗,做得好赏赐,做不好斩首。"

　　这位大臣泰然自若地应道:"陛下请。"

　　皇帝得意洋洋地说:"昨晚宫中妃子生了孩子。"这位大臣随即吟出一句:"昨夜宫中降金龙。"皇帝一听,没有好气地说:"什么金龙。是个女的。"大臣笑而应曰:"化为嫦娥下九重。"皇帝又说:"这孩子已经去世了。"大臣不慌不忙地又吟道:"料想人间留不住。""胡说!"皇帝厉声吼道:"朕已令人把她扔进荷花池了。"谁知大臣出人料想地来个急转弯,答道:"翻身跃入水晶宫。"

　　听到这里,满朝文武百官默默喝彩,迫于皇帝的淫威,不敢作声罢了。

　　皇帝恼羞成怒道:"你是大学问家,肯定知道这么两句话:君叫臣死,臣不敢不死；父叫子亡，子不敢不亡。现在，朕令你马上投水而自尽！"

　　大臣听罢只得退下宫殿，向湖边走去，刚刚准备往下跳，突然急中生智，拔腿往回跑。到了殿上，皇帝见了，拍案而起："你竟敢违抗圣旨！"

　　"万岁，臣不敢违逆圣旨，只是臣在湖边正要投水时，古代楚国忠臣屈原却从水中出现，对我说了几句话，我不知该怎么办妥，特来请圣上明示。"

　　"什么话？快快讲来！"

　　这位大臣说了些什么话，才气使皇帝听后沉默半天，使大臣免遭"溺死"之灾呢？你能猜出来吗？

　　这位大臣对皇帝说:"陛下,臣刚才正准备投水,突然屈原从水中出现,他怒气冲冲地对臣说:'当年我投江,是因为主上昏庸,如今国泰民安,君王圣明,你怎么不思尽忠报国,却来投江自尽,是何道理?'因此,臣将这番话禀明陛下,如果陛下认为我应该投水,我再去投水自尽不迟。"

第二章　远水同样可以解近渴

中国有一句古语"远水解不了近渴"，人们在解决问题的时候一般也会首先从近的方向开始考虑，寻找方法。但是思维是怪异的，有些时候远水也可以解近渴，这就需要迂回思维。迂回思维，有时候看起来好像我们没有找到正确的方法而走了弯路，但是正是因为故意从另外一个角度迂回思考，才能有新的发现，从而解决问题。迂回从某种角度上来说其实就是大家都知道的变通，在生活中我们每个人都有自己的弱点，所以有些时候是需要变通的，思维也是同样的道理。就好像路上有一块大石头挡住了蚂蚁的去路，它可以选择攀爬过去，但是很容易掉下来，很难爬到另一边。同样它也可以选择绕道过去。看起来似乎没有解决问题，但一样抵达了目的地，正是迂回思维巧妙的地方，忽略那些刚好挡在你前面的东西，换一条路，也许就是柳暗花明了。让我们看一些和迂回思维有关的有趣的小故事吧，也许从中你可以学到更多。

认路的驴子

明朝的时候，一个住在深山老林里的老人骑着一头骡子出来赶集，打算购买一些生活需要的物品。但是走到半路上的时候，骡子却突然变得暴躁，说什么都不肯再继续走了，老人又是劝又是哄还是没有效果。就在这个时候，有一个男子骑着一头毛驴经过，他看见老人正在费力地赶骡子，就和气地问："老人家，您这么着急，是要去哪里啊？"

老人见他挺和气的，就将骡子不听话的事情说给他听。陌生人听了之后笑呵呵地说："老人家，您看您的这个骡子性格太暴躁了，实在不是很适合您这么大年龄的老人家。"他犹豫了一下，补充道："要不您看，我的这头驴很听话，咱们换着骑，到了县城再换回来好不好？"

老人一听非常高兴，对陌生人感激极了，连忙点头同意。

没想到陌生人刚刚坐上老人的骡子，就马上在骡子屁股上狠狠地抽了几鞭子，骡子马上飞奔起来，一转眼就没了踪影。老人这才知道自己上当了，想要追上去，但是已经来不及了。老人又后悔又生气，只好跑到知县大人那里去告状。

知县大人听完老人的描述之后，胸有成竹地笑着说："老伯，我已经想到办法了，你只需要将这头毛驴留在这里4天，4天之后再来就可以找回骡子了。"

老人同意了。他刚刚一走，知县大人便命令手下将驴子拴起来，并且不许喂任何草料。

4天之后，老人来到县衙，按照知县大人的方法果然找回了自己的骡子。

你知道知县大人的方法是什么吗？

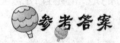
参考答案

原来老人再次来到县衙之后，知县大人便命令手下牵着毛驴随老人回到最初遇见陌生人的地方，然后在这里将毛驴放开。毛驴饿了整整4天，又非常熟悉回家的路，自然就飞奔回家了。衙役们跟随着毛驴就找到了陌生人的家，而老人的骡子自然也在这里。知县大人并没有派人搜捕陌生人，而是选择了迂回的办法，利用和陌生人有关系的毛驴寻找他，实在是再聪明不过了。这下子你知道迂回思维的奇妙了吧？

小偷很狡猾

深夜,一个小偷钻进一家文具店,偷了保险柜里的 3000 元的现金,这些现金都是 1000 元一张的大票子,实际上只有 3 张钞票。不巧的是,他刚离开文具店十几米,就在巷子转角的地方遇到一个正在巡逻的警察。

"喂!请稍等一下!"

由于他行为怪异,就被那个警察带到附近的派出所去了。这时,恰好有人打电话报案,说文具店被偷了。他虽然是被怀疑的对象,但是,仔细查看之后,在他身上不光没有找到失窃的 3000 元,就连一张 100 元的钞票也没有。因为没有证据,只好将他放了。

但是,就在过了此事第二天,小偷却拿到了那 3000 元钱。

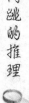

"这个扒手偷了文具店之后,把钱放在哪儿了呢? 当时为什么翻不出来,现在他又是怎么样再次拿到这笔巨款的呢?"

并且,当他被释放后,警方便不停派人跟踪他,他确实一直呆在房子里。他也没有再回到现场,也没有朋友来访过。

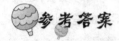

这个小偷先准备好一个写了自己名字并贴足邮票的信封,把偷来的钱放进信封里,寄到自己的住所,这样足不出户,就能得到他偷的钱。

少女的死亡

一个无月之夜,山田警长和一个年轻警官准备过桥时,突然听到一个女人很恐怖的喊叫声:"救命! 救命!"山田警长急忙朝桥上冲了过去,只见一个缠着黑头巾的男士比他们抢先一步跨过栏杆,跳进河里潜逃了。桥面上横躺着一位俊俏的女士,胸口上插着一把匕首,已经岌岌可危了。年轻警官忙叫唤:"喂,醒一醒,怎么一回事儿?""米町街……曲臼大院……松……"女士死了。

他们汇报总部后立刻赶到米町街的曲臼大院,探察到这个大院住着两个名字带"松"字的男士,一个是看手相的松助,另一个是木匠松吉。

松助是个剃着光头的矮胖子,他穿着皱巴巴的睡衣,一边喝着黄酒,一边说:"让我给你们算个卦,猜猜凶手是谁吧! 嘿嘿……"

山田摇摇头,带着年轻警官来到木匠松吉的家里。只见松吉裹着被子正在睡觉,地上的水盆里泡着一堆衣服。

年轻警官一看,眼睛瞪圆了,大声喝道:"喂,松吉,是你杀人后跳河逃走的吧?"松吉瞪着吃惊的眼睛,连连摇头。

"你赖不掉了,这盆衣服便是你犯法的证据!"松吉急忙表明说:"别开玩笑,这衣服是我准备第二天洗的。"

年轻警官用眼光盯着他说："别装傻,这衣服是你跳进河里弄湿的!"这时,山田警长止住了警官,说："真正的凶手是松助!"山田警官怎么知道松助是凶手?

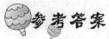参考答案

松吉的头发没有湿,证明他不是凶手。凶手逃走的时候应该全身都湿了。而松助是和尚头,用布一擦就干了,所以他才是凶手。

智斗财主

有一个非常小气的财主打造了一套新家具,为了油漆这套新家具,他在自己家的门口贴了一张告示:招聘油漆工一名,要求技术高超,能够按照提供的样本油漆家具一套,工钱丰厚。

和样本一模一样是很难的,所以很长时间都没有人来应征。财主没有办法只好将告示改了一下:招聘油漆工一名,只要能够按照样本的颜色油漆好家具即可,工钱双倍。

果然,告示贴出不久之后就有一个从外地来的油漆工前来应聘了。

财主拿来了一小块油漆的木板样本给油漆工说:"按照这个上面的颜色来油漆就可以了。"油漆工的手艺非常娴熟,所以没用几天就将所有的家具都漆好了。但是没有想到的是,等到验收的时候,财主拿着原先交给油漆工的样本,在家具前来来回回地比对,最后说:"不对不对,这个颜色比家具上的要浅一些。"

油漆工认真地检查了一下说:"明明就是一样的啊。"

但是财主无论如何也不肯承认颜色是相同的,油漆工只好自认倒霉,重新漆了一遍。但是小气财主装模作样地比对了一下之后还是说两种颜色不相同。油漆工这次真的是生气了,他大声说道:"这明明是相同的颜色,但是你不承认,不是故意在为难我吗?"

没想到小气财主反而更加大声地质问道:"我们可是事先说好的,你漆坏了我的家具,反而是你应该赔偿我的损失才对。"

油漆工知道自己说不过小气财主,只好连夜回家,没有拿到任何酬劳。小气财主没有花一分钱漆好了自己的家具,心里特别得意。但是回到家之后的油漆工却非常不开心,他的儿子知道了这件事情之后就说:"爸爸,你不要生气了,我有办法可以好好地修理一下这个小气鬼。"

油漆工听了之后不以为意,毕竟只是一个小孩子,但是他也没有说什么。

过了几天,小气财主的儿子刚好要办结婚典礼,就又重新打造了一款新家具。于是他就再次使出了同样的计谋。油漆工的儿子看到告示之后就找上财主说:"我能够按照您说的漆好您的家具,但是你必须要付给我3倍的价钱才可以。"

小气财主本来以为他是个小孩子不想雇用的,但是为了不花钱油漆家具还是同意了。几天之后,小油漆工把家具都漆好了。小气财主果然还想故伎重施,孩子便和他大声争吵了起来,吸引了许多人前来围观。财主拿着原来的那块样本,声称颜色不一样。但是这个小孩子却只是简单地说了一句话,小气财主就再也不能说话了,乖乖地付给了孩子全部的工钱。

如果你是那个孩子,你会怎么说呢?

参考答案

孩子只是说了一句:"我在给家具上漆的时候,也顺便给你的这块样本上了漆。"小气财主坚持说不一样,现在听到这样的话,又有那么多人围观自然没有办法再狡辩了,只好认输了,乖乖地付给孩子3倍的工钱。对待那些狡猾又小气的人,我们一定要像故事中的孩子一样以毒攻毒,以色还色,这样才能够反败为胜。

废地变宝地

唐朝有一个很厉害的商人叫裴明礼,他非常擅长经商,往往可以从奇怪的角度看出商机。就在裴明礼居住的城市里,有一块很大的空地要出售。但是这块空地的中间有一个很大的水坑,即使买下来也不会有什么用处,所以对方开价很低。

裴明礼听说了之后,就找到了这块地的主人,花了很低的价格买下了这块地。周围的人们知道了之后都觉得他很笨,花了冤枉钱买了一块没有用的地。但是到了第二天,使人们更加惊奇的是他们发现裴明礼竟然在这个大水坑旁边竖起一根很高的木头,在木头的顶端吊着一个小小的竹篮子,在这块木头上面贴着一张告示,上面写着:但凡能够用石子、土块或者砖头命中这个竹篮子的人,可以每次得到100文的赏金。

人们虽然很疑惑,但是这种天上掉馅饼的事情谁会错过呢?所以,周边的那些大人,小孩都纷纷来到这个大水坑旁边,拿着从远处找来的石子,砖

心惊肉跳的推理

头、土块向这个竹篮子投去。但是,这根木头实在是太高了,竹篮子又很小,所以真正能够命中的人也不是很多。裴明礼对于那些命中的人都按照告示上写的一一付了赏金,还非常高兴。

你知道裴明礼这样做的原因是什么吗?你能猜到下一步他要干什么吗?

参考答案

裴明礼这样做的原因是为了借助大家的力量来填满这个大水坑,毕竟命中的人不多,但是尝试的人很多,那些无法命中的石子啊,土块啊自然就通通掉到后面的大水坑里去了。不久,这个水坑就变成了平地。变成了平地之后,这块地就和其他地一样可以在上面建造牛舍,羊圈,再出租给过路人使用。你猜到了吧?这样也不是结束,裴明礼这么会经商的人,选择经营牛舍和羊圈也是有原因的,因为那些堆积如山的牛羊粪便就再次成了宝贝,将它们卖给农民,用作肥料,就又赚了一笔不小的钱。有了钱就再进一步发展,可想而知,不久他就成为了一个大富翁了。废地变宝,还源源不断地生钱,这招借力而为是不是很灵活呢?

纪晓岚与和珅斗智

之前给大家讲过纪晓岚的故事,故事里边的和珅与他一直都是死对头。和珅经常被纪晓岚捉弄,所以总是不甘心,想要找个什么机会报复他一下。

终于有一天,他想到了一个好办法。他派人邀请纪晓岚过来,要求和他赌上一局。和珅开下的赌注是,如果纪晓岚可以在 10 天之内吃下 100 只鸭子,那么吃下的鸭子不但不需要付钱,和珅还额外再送上 100 只鸭子给他。如果纪晓岚吃不下的话,那么不但要付清 100 只鸭子的钱,还要亲自向和珅负荆请罪。

10 天吃掉 100 只鸭,也就是一天要吃掉 10 只,大家想想就知道这是非常困难甚至不可能的。即使纪晓岚很聪明，肚皮也不会那么大吧？但是他想了想竟然接下了这个赌局。

赌局正式开始。和珅命令手下的人把柴米油盐和日常所需的东西以及100只鸭子关在一个屋子里，又让纪晓岚搬进去住，派人将整个屋子严严实实地看守起来，以防止纪晓岚耍诈。

10天之后，和珅把门打开后只看见一堆鸭毛一堆骨头，一只鸭子的影子都看不见了。和珅实在想不到纪晓岚这么能吃，只好认命地又送了100只鸭子给纪晓岚。

你知道纪晓岚是怎么用10天吃掉整整100只鸭的吗？

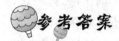

参考答案

纪晓岚原本就十分聪明，最擅长的就是不走寻常路了。所以，他没有绞尽脑汁地去想如何吃掉100只鸭子，而是向另外一个方向努力，就是让100只鸭子消失。于是，他第一天的时候杀掉了30只鸭子，将这些鸭子剁成肉丁喂给其余的鸭子，第二天又杀掉20只，喂给剩下的鸭子，第三天杀了15只，以此类推，等到第十天的时候，除了一只鸭子，剩下的鸭子都被鸭子吃掉了，所以纪晓岚就把这最后一只鸭杀掉饱饱地吃了一顿。这种突破常规的方式往往比较迂回，但是我们要知道原本这个问题就是很复杂的，所以迂回地解决才是更好的办法。

被烧的名画

明朝的时候，有一个叫郑堂的秀才非常有名，琴棋书画样样精通。他在繁华的地段开了一家字画店，加上本身的名气，不久就生意兴隆。

一次，一个叫龚志远的人，来这里典当一件五代时候著名画家的《韩熙载夜宴图》，说是自己的传家之宝，迫不得已才来典当。郑堂自然知道这幅画的价值非凡，所以立即典当给了龚志远8000两银子，龚志远也答应到期之

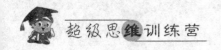

后会归还双倍的银子。

　　一段时间过去了，眼看就到了赎当最后的期限了，龚志远还是没有来赎画，郑堂一面觉得高兴一面又觉得有些不妥，于是他将那幅画取出来在放大镜下仔细查看，这一查看可好，他竟然发现这是一幅仿造得非常像的假画。

　　郑堂是同行里的佼佼者，这下子被骗了 8000 两银子可以说很没面子，但坏事传千里，这个消息一下子在一夜之间传遍了全城的同行。大家没有想到的是，第三天的时候，郑堂竟然在家里办了 10 桌酒席，邀请了全城的才子和字画行家相聚一堂。这一下几乎全城有头有脸的人都来了，有些人是来表示安慰的，有些人是看热闹的，有些人是幸灾乐祸的。

　　喝酒喝到一半的时候，郑堂取出了那幅假画，挂在大厅的中间，大声说："今天请大家来，一个是表明我的心迹，不管发生什么我还是要在字画行业上继续努力的。第二是希望大家能够一起看看假画，免得以后被骗子钻了空子。"

　　大家一一观看完之后，郑堂将这幅画愤恨地扔进了火炉说："不能留着假画害人。"郑堂烧画，一夜之间再次在全城造成轰动。

　　没想到第二天郑堂来到店里的时候，却看见了龚志远早已坐在那里，说是因为有事情耽误了归还银子。郑堂笑笑说："只是耽误了 3 天，没有关系，但是需要加收三成的利息，总共 10 400 两银子。"

　　龚志远早就知道郑堂已经将那幅画烧了，所以一点都不害怕地说："没有问题，还请郑先生把画取出来。"郑堂进去取了画出来递给龚志远，龚志远将银两递给郑堂后展开画，正想要斥责郑堂时突然两腿一软，瘫在了地上。

　　你知道这是为什么吗？

参考答案

　　原来郑堂当众烧毁的那幅画是他自己仿造的一幅画。他知道了自己受骗之后并没有惊慌，而是想办法挽回并且好好惩治一下龚志远这个骗子。于是他故意迂回地设了一个圈套，故意四处声张自己受骗，又当众毁掉"假画"。这样龚志远为了占更大的便宜，一定会前来赎画，无画可赎就可以进一步索要赔偿。而原本的假画郑堂其实动都没有动过，所以龚志远一看到自己的那幅画时，瞬间就知道自己反而上当了，损失了大笔的银子。骗骗子，郑堂烧画的这个办法确实很高明吧？

随机刺杀

这是一个靠海的餐馆，为了方便客人观看海景，餐馆的老板特意安置了落地窗。A、B、C、D四个刚刚从警校毕业的学生相约在这里见面。A笑着对B说："你是班长，今儿吃什么你决定吧。"B笑了笑，顺手把包递给了A，转身向点菜处走去。A选定了一张靠近窗户的桌子，把B的包放到一把椅子上，自己也在左边坐下了："就这里吧，能看到海边的晚景，很不错的。"

4个人坐下来了，餐厅的桌子转很高，桌面都和他们的胸口齐平了。A举起杯说："过了今儿个，我们能不能再见面了，还是个一定的事儿，干了这杯吧！"C和D举杯一口把酒喝了下去。就在这个时间，只听得一阵难听的玻璃破碎声，刚把杯子放到嘴边的B连人带椅仰面朝天倒了下去！A坐在他左边，应声敏捷地拉了他一把，没有拉住，反而被他带倒在地上。C、D吃了一惊，赶快站起来绕过桌子查看，却见B倒在地上，面色发青，胸口插着一支发绿的箭，已经不动了。C伸出颤抖的手放到他的鼻前，立刻像触电一样缩了回来，再轻轻地按了按他的脉搏："死了。"

A突然伸出已经裹上餐巾的右手，把箭拔了下来，轻轻放到桌上，将手上的餐巾揉成一团扔到了垃圾桶里。

D看看四周问道："这箭是从哪儿射来的呢？"眼光天然地望向了窗户那边。只见他和C背后的一扇落地窗被打了个大洞，破碎的玻璃散落在窗户四周。"刚才A和B是面向窗户坐的，岂非是从外边射进来的？"三人胆战心惊地走出餐馆，看到不远处的一棵树上绑了一把十字弓，还有烧过的痕迹。

"很明显，有人做了个定时装置在这里。"听完C的推测D点头，仔细地查抄了十字弓，突然皱起了眉头，一声不响地冲回餐馆里，再仔细查看了箭说："完全没有留下指纹，这该从哪儿查起？"

三人都沉默了,片刻之后,A 突然说道:"我们来这里用饭,没有事先摆设座位,难道是随机杀人?"

D 点头了,接了一句:"这是一起随机杀害。"

C 没有了言语,他手里握着一块碎玻璃,是在跟窗户隔了桌子的 B 左右找到的。他仔细观察着现场:B 倒在地上,脸上的惊骇已经凝固,箭就插在他胸口上,插得很深。他转头望着隔着桌子的那一堆玻璃碎片,若有所思的样子。

你知道谁是凶手吗?

凶手是 A。A 选好桌子,故意把 B 的皮包放在自己的右边,使 B 在他身旁坐了下来。喝酒时,A 趁大家都仰头喝酒,算好时间,在玻璃破碎时,把箭插在 B 的胸口上,所以 B 脸上的表情是"惊骇"而不是"痛苦",所以可以肯定他是被拽倒了。

A 在吃饭的时候就悄悄戴上了透明手套,扔纸巾的时候把手套一起扔了。十字弓射的其实是玻璃。

把木梳卖给和尚的方法

有一家很有名的公司管理人员非常严格,由于这里给的工资很高,所以来应聘的人非常多。但是职位是只有那么多的,于是在每次招聘的时候,公司都会出一些奇怪的问题来考验那些应聘的人。这次,公司的经理更是召集了所有的应聘者,然后说:"为了选出你们之中最有营销能力的人,我们本次的试题是,如果谁有办法把木梳卖给和尚,他就可以立刻被录取。"

我们都知道,和尚是没有头发的,自然也不可能会用到木梳的。所以那些应聘者一听到这个问题都感到非常困难。很多人自动就离开了。但是这家公司这么有名,自然有几个人留了下来,小张、小王和小李就是其中的 3 个人。

公司经理对留下来的人说："你们有 10 天的时间,不管你们用什么办法,完成把木梳卖给和尚的任务就成功,否则只能很遗憾了。"

10 天的时间很快就过去了,原来留下的那些人大多没有完成任务,只有这 3 个人回到了公司。

公司经理问小张:"你卖了多少把?"

小张不好意思地说道:"我只卖出去了 1 把。"

"你是怎么卖掉的呢?"经理又问。

"我带着木梳挨家寺庙去推销,但是很多寺庙的和尚还没有听我说完就把我赶出来了。后来,我好不容易遇到了一个老和尚,他非常善良,最后在我的苦苦劝说之下好心地买了一把。"小张一脸郁闷地说。

"可是老和尚要木梳没有用啊?"

"是啊,所以说他很善良,是为了安慰我才买下的。"

经理又一一询问小王和小李。"我找到了一座很有名的寺庙,它建在高高的山上,每年虽然香客不断,但是由于山很高所以山顶的大风将很多前来烧香拜佛的人的头发都吹乱了。所以我就和庙里的住持说,衣冠不整地拜佛,对佛祖不够尊重。不如买几把梳子放在香案前,让香客们可以先梳理好自己的头发再拜佛。"小王有点得意地说,"我卖掉了 10 把梳子。"

"那么你呢?"经理对小王点点头之后开始询问小李。

"我卖了 100 把。"小李淡淡地说。

经理感到非常惊奇,他高兴地问:"你是怎么卖的呢?"

"很简单,我也是找到了一座山上的名寺,上山的路上,我看到许许多多的香客,他们每个人都有着对佛虔诚的心,因此远远地赶来爬着山路前来拜佛烧香。这座山上有好几个寺庙,我选择了一个老住持书法很好的寺庙,对他说,既然这么多人虔诚地来拜佛,如果能够回赠给他们一些小礼物作为纪念,他们一定会更加高兴,也更愿意推荐身边人来的。"小李说。

你知道小李说的这段话和卖木梳有什么关系吗? 如果是你,你能卖出去多少呢?

原来小李又和老住持说道:"您的书法那么好,可以在木梳上刻上'行善积德'四个字作为礼物。这样的话,这些把礼物带回去的人就会自动为您宣传,一传十传百,香火自然就越来越旺了。"老住持听了之后,自然毫不犹豫地买下了100把木梳。你看这个故事里,3个人都成功了,但是每个人的方法不同,取得的效果也不同。可以说小张就是用的直接思维,从卖木梳的角度出发,最后也只能靠哀求卖出去1把。小王还是很不错的,他迂回地思考了一下,将木梳卖给了有用的香客,但是也不会取得太大的成绩。而小李,不但迂回地思考了木梳的受益者,更想到了不如换个角度想想木梳的功能,木梳不仅仅用于梳头,更用于宣传,这样自然就可以卖出很多了。只要灵活变通,你也可以想到非常好的办法的。

真小偷与假新娘

从前有一个富人家娶媳妇,办喜宴的这一天,亲朋好友们都前来祝贺。趁着人多,一个小偷也跟着混了进来,他偷偷地潜入了洞房,打算偷一些金银首饰后趁乱离开,所以就藏在了床底下。但是因为是结婚,所以很多人都来闹新房,新房里一直灯火通明,人来人往,小偷实在是没有下手的机会。

等到了后半夜,闹新房的人还是没有散开,躲在床底下的小偷饿得实在不行就冒着危险跑了出来,打算趁乱逃走。闹新房的人们看见一个人突然从床底下出来,而且谁也不认识他,就一起把他抓住送到了官府。

县官大人立即审问小偷,谁知道小偷竟然否认自己是来偷东西的,而说自己其实是一个郎中,是新娘的娘家人嘱咐过来的。并且说,因为新娘从小得了一种怪病,娘家里的人很担心,所以就派了他来,躲在床底下也是为了治病方便。

县官大人非常怀疑他说的话,就拿新娘娘家的事情来问这个小偷,没想到他竟然都非常熟悉。小偷甚至扬言说："不信的话可以让新娘出来当堂对证。"

县官只好派人传新娘子过来。但是大家知道刚刚嫁人的新娘怎么可能随便在公堂上抛头露面呢？新郎更是不同意了，县官一时也想不出什么好的办法。这时候师爷悄悄地对县官说："大人，这个人一看就不是好人，肯定早就知道新娘不会出来才说要对质的。一定不能放过他啊！"

"可是，怎么让他招供呢？"县官问。

师爷说："这个人一直躲在新娘的床底下，跑出来的时候又很慌忙，所以应该没有看清新娘子长的什么样子，我们可以……"

按照师爷的方法，小偷果然原形毕露了。

你知道师爷想出来的办法是什么吗？

参考答案

这个故事的重点就在于不愿意露面的新娘，所以正面找的方法不行，反着来也不行，只好迂回地想。所以师爷巧妙地借助假新娘，他随便找了一个年轻女人代替新娘。县官让小偷与"新娘"对质，这样就证明了他不认识新娘，自然就原形毕露了。怎么样，你猜对了吗？

纪晓岚抓神偷

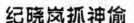

大家应该都知道清朝的纪晓岚，相信都听说过许多他机敏、幽默的事儿。虽然有一些可能并不是他本人做的，但是我们一样可以从中学到很多东西。这也是一个关于纪晓岚的故事，说的是乾隆年间，有一个非常有名的神偷，最喜欢的就是偷盗皇宫里的宝物。要知道皇宫可是守卫森严的，想要出入都很难，更何况是偷东西呢？但是偏偏这个神偷，出入皇宫无影无踪，很是高明。

一天，皇上突然发现自己放在御书房的玉玺竟然丢失了，于是龙颜震

怒,下令立即在整个京城里搜捕这个神偷。但是3天过后,神偷没有抓到,玉玺倒是自己回来了。皇上可没有因为玉玺失而复得感到高兴,他想到这个神偷可以在皇宫里来去自如,偷点东西倒是没什么,反正皇宫里的宝贝有的是,但是如果做一些其他的事情,比如刺杀自己,那后果可就不堪设想了。于是他马上召集大臣们商量如何抓住这个神偷。

正在大家都在思考的时候,和珅站了出来说:"皇上,微臣有一计,可以抓住这个小偷。"

皇上急忙说道:"爱卿有计尽管说来。"

"这需要多方面的配合。第一自然是加派更多的御林军守护皇宫,第二加强宫内防盗机关,第三就是对出入京城的百姓进行盘查,以免赃物被带出京城。这样小偷就一定难以逃脱。"

皇上一听非常高兴,连忙传令下去让大家按照这个方法去做。但是这样做了半年多,神偷依旧出入自由,宝物接二连三地丢失。

有一天皇上和纪晓岚下棋,纪晓岚故意露了一个破绽给皇上,皇上怀疑他是有计谋的,一时竟然不知怎样落子。他叹了一口气说:"爱卿下棋果然高明,虚虚实实,但是不知道对于小偷一事可有妙计?"

纪晓岚不慌不忙地说:"皇上,按照臣的想法,也是从三个方面做,第一就是撤掉那些增派的御林军,第二将皇宫宝库上面的大锁全部拿掉,第三将放满宝物的箱子全部打开。"

皇上一听更加疑惑地说:"爱卿是聪明人,怎么办糊涂事呢?"

纪晓岚胸有成竹地说:"皇上知道下棋有虚实,这捉贼自然也有虚实,试试就可以知道了。"

皇上想了想,反正也没有更好的办法,索性就按照纪晓岚的方法去做了。没想到只用了5天的时间,神偷就被轻而易举地抓到了。

你知道神偷是怎样落网的吗?

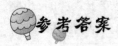参考答案

其实这个神偷之所以可以多次出入皇宫偷盗,是因为他用了几十年的

时间练就了一门偷盗的绝技,按照这个绝技以及偷盗的经验他可以轻松地避开守卫,撬开门锁,堂而皇之地偷走宝物。但是当他再次来到皇宫的时候,他发现没有警卫,没有锁,甚至箱子也大开着,一切都超出了他的经验和知识,所以一时之间不知道怎么做了。就在他犹豫的这个瞬间,御林军已经抓住了时机,将他抓捕了。纪晓岚的迂回思维高明就高明在他不是靠自己去打败小偷,而是让小偷被自己的经验打败。我们知道每个人都是会养成习惯的,几十年的习惯被打破了肯定会不适应,利用这一点,也可以让我们在遇到事情的时候想出更好的办法来。

血液的漏洞

这件案子发生在一个夏天的晚上。

渔民 A 和 B 坐在远离自己家乡的河堤上，一边乘凉一边闲聊，大概因为天气闷热的缘故，蚊子特别多，咬得让人心烦。两个人谈着事情突然大吵了起来。

A 一气之下，拿了块石头击中 B 的头部，没想到这一下就把 B 打死了。

A 虽然非常悔恨，但为了躲避罪责，还是匆忙用草将 B 的遗体挡住后逃离现场。他在逃走前，没忘记把自己的脚印行踪和指纹都抹去了。

第二天，遗体被人找到。警方对现场勘察之后，虽然谁也没见到 A 和 B 吵架，但警方还是一下子就捉住了 A。真相是，警方是根据 A 的血液破案的。

但是，A 并没有受伤，那天怎么会在现场留下血迹呢？

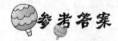 参考答案

在乘凉时，由于蚊子不停地吸 A 和 B 的血，A 打死了不少蚊子。这样犯罪现场上就留下了很多血液。

警方正是以蚊子所吸的血，检验出凶手的血型而找到真凶。

一美元的贷款

大家都知道犹太人是世界上最聪明的商人。一天，有一个犹太富豪走进了一家银行，他走到贷款的窗口，大大方方地坐了下来。

工作人员一看犹太富豪一身名牌装扮，就知道他身价不菲，所以马上走过来对他说："先生您好，请问您有什么需要我们帮助的吗？"

"我想要贷款。"犹太富豪回答。

"完全没有问题，请问您想要贷款多少钱呢？"

"1 美元。"犹太富豪说。

"什么？"工作人员以为自己听错了，所以再次确认了一下，"请问您只需要贷款 1 美元吗？"

"没错，我只想贷款 1 美元,可以吗?"

工作人员马上找来经理,将事情和经理描述了一下。经理一看就知道他是个富豪,他觉得犹太富豪之所以这样做一定是有什么原因的。或者他只是想试探一下自己银行的工作效率和服务质量。而且即使只贷款 1 美元,也符合银行的工作准则。所以他努力做出最有礼貌的样子说:"先生,没有问题,只要您有担保,不管您需要多少钱,我们都会为您服务的。"

犹太富豪点了下头,从自己随身携带的背包里取出了一大堆债券、股票等交给经理说:"你看看用这些做担保足够了吗?"

经理马上清点了一下,然后说:"先生,您的这些一共价值 50 万美元,绝对足够了。不过先生,您真是只需要贷款 1 美元吗?"

"是的。"

"好的。那么请您跟随我来办理贷款手续,贷款的年息是 6% ,只要您交上 6% 的利息我们就可以把您抵押在这里的东西还给您。"

"谢谢!"犹太商人办完手续后高兴地离开了银行,因为他的目的已经达到了。

银行经理还是一头雾水,你猜到这是怎么一回事了吗?

参考答案

其实犹太富商到这个城市只是为了处理一些事情,他听说这个城市的治安不是很好,随身携带这些贵重的物品让他觉得很不安全。但是租用一个银行的保险柜需要花很多钱,而贷款 1 美元却只需要付出很少的钱就能将这些物品送入保卫得非常好的银行。犹太富商没有直接思考保存的问题,而是借着贷款的方式达到了自己的目的,可以说是一条妙计。都说犹太人非常聪明,这下子你知道为什么了吧?

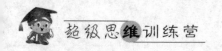

失而复得的筷子

在一家很有名的中国风酒店里边曾经发生过一个故事:一个来自国外的客人在品尝完最后一道菜之后,将一双制作非常精美的景泰蓝筷子偷偷放进自己的背包里。

这个举动不小心被服务员看到了,服务员不敢贸然解决,就赶紧把这件事情报告给了值班经理。值班经理听了之后说:"你得想一个办法既能让我们不必受到损失,又不能让对方感到难堪。"服务员听了之后仔细想了想还是觉得很困难,办法是有,但是很难保证对方不会难堪。最后,她只好决定自己掏出钱来赔偿好了。

经理看出来她没有想出好的办法,就笑了笑从身边的柜子里拿出来一个制作精美的小匣子说:"这个小匣子是专门用来装那种景泰蓝筷子的。你能想出办法吗?"

服务员想了想还是摇了摇头。经理只好把办法和她说了一遍。服务员马上高兴地说道:"太妙了!"

你知道这是什么办法吗? 如果给你一个小匣子,你会想出怎样的办法呢?

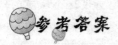 参考答案

原来服务员亲切地走到外国客人身旁,用英语礼貌地说:"先生,我们发现您在用餐的时候对我们中国的景泰蓝筷子很感兴趣,非常感谢您对中国工艺品的欣赏。为了表达我们的谢意,我代表我们酒店将一双制作精美的景泰蓝筷子送给您,这是装筷子的小匣子,请您一并收下。我们将按照酒店的规定以优惠价格记在您的账单上,您看可以吗?"客人一听就明白了服务员指的是什么,马上借着这个台阶说:"真是不好意思,刚刚多喝了点酒,竟然把筷子放到包里了。"于是他把筷子放在餐桌上,拿着小匣子走向付款处。

大家都笑了笑,好像这只是一次再平常不过的对话一样。"送匣子"还筷子,这种迂回的方法很是巧妙吧,不知道你有没有想到更好的办法呢?

更高一筹的骗术

有一个古玩家,因为在城里很难以低价收到高质量的古玩,就打算到乡下去,他觉得那些乡下人不知道古玩的价值,可能会有不错的运气呢。

有一天他经过一家农舍的时候,突然间看到了一个非常别致的小碟子。他对古玩的鉴赏能力很高,所以一眼就看出那个碟子是很久以前的好东西,制作那么精美,又保存得很好,一定价值不菲。他看到这个小碟子的主人竟然用它去喂养一只小猫,就断定他一定对这个碟子的真实价值毫不知情。

这可是个天大的机会,古玩商人非常开心,但是他镇定了一下,装作很随意地走了过去,和小猫的主人攀谈了起米。他装作刚刚发现这只小猫的样子,对小猫的可爱赞叹不已,还编造了一个很动人的故事声称自己的太太最喜欢的就是小猫了,但是不久太太养的小猫去世了,很是伤心。现在他看见的这个小猫和太太以前的小猫非常像。边说边不自觉地流下了眼泪,连农夫也被他说得感动了。最后,古玩商人像突然想到什么似的问:"您的这只小猫可不可以卖给我啊?"

"当然可以了。"农夫爽快地回答:"既然您的太太喜欢,就卖给您吧。"古玩商非常高兴,付给了农夫两倍的价钱,这下子他终于可以进入这个骗局的重点了。他故意装作若无其事地说道:"我看你应该一直用这个碟子喂养小猫吧?我想它应该已经习惯了,你能不能把这个碟子送给我呢?"

古玩商以为农夫一定会答应的,因为这个碟子的价值他肯定不知道,否则也不会拿来喂猫。但是他怎么也没有想到,农夫的一句话就让他的一切计划都泡汤了。

你猜到农夫是怎么说的吗?

参考答案

农夫回答的是:"对不起,我不能送给您,因为我每天都是依靠它才卖掉我的小猫。"其实在古玩商的骗局开始之前,聪明的农夫早就已经设好了这样一个局,可以说是愿者上钩。农夫的原本目的就是要卖猫,但却并没有直接打出卖猫的牌子,而是用古物小碟子来作为诱饵。这个故事再次向我们展示了迂回思维的奇妙之处。

互换的车票

有两个年轻人都决定离开自己农村的家到大城市打工,一个去纽约,一个去华盛顿。他们在候车室里面相遇了,但是听了周围人的谈论之后,两个人都有点儿改变主意。因为周围人说,纽约人非常精明,就连指路都要收费,而华盛顿的人就老实多了,如果有人困难,大家甚至会主动给他面包吃。

想要去纽约的人想,还是华盛顿好,自己一定饿不死。去华盛顿的人却想,还是纽约好,一定有很多赚钱的机会等着自己。两个人都庆幸自己还没有上车,同时赶往退票口办理退票手续。相遇的两个人索性互换了车票,各自去了自己想去的地方。

两个人到达之后都很满意,去华盛顿的人发现在城市的大商场里边都有免费品尝的水和食物,果然自己一个月什么都不做也没挨饿。到纽约的人发现这里真的处处都有挣钱的机会,只要自己动点儿脑筋,一定能够站稳脚跟。

这个聪明的小伙子发现当地人爱养花但是没有泥土,就从建筑工地上装了一些含有沙子和树叶的土以"花盆土"的名义销售,净赚了不少。之后,又不断发现商机,创立了专门的清洗公司,手下的员工越来越多,生意也越做越大。

过了几年,他去华盛顿出差。在火车上,他遇见了5年前和自己换票的小伙子,但是看到彼此的处境,两个人都不禁愣住了。你知道这是为什么吗?

参考答案

原来那个去了华盛顿的小伙子现在已经变成了一个靠捡破烂和乞讨维持生活的人了。这就是两种不同思维造就的两种不同的命运,起点都是相同的,一个人只能想到眼前的利益,羡慕华盛顿生活的容易。一个人却懂得迂回思维,一个精明的城市,一个处处收钱的城市,那么自己也能成为发财的那个人。迂回地想问题,有时候看起来是舍近求远,但更多的时候是拥有更为长远的目光,为自己赚来更加光彩的人生。

谁是真正的稽查人员

现在社会竞争非常激烈,所以有时候公司也愿意用竞争的方式来选拔人才。一家日本的大公司准备从自己新招的三名雇员中选出一名担任市场销售代表。于是,为了弄明白谁才是最适合的人选,他们提出了一个挑战。

公司将他们送到陌生的广岛,给每人2000日元的生活费,要求他们在那里过一天的时间。一天之后,谁剩下的钱最多,谁就可以得到这个职位。2000日元其实是非常少的钱,因为按照广岛的物价,仅仅是一杯可乐就需要200日元,最便宜的宾馆一晚上也需要2000日元。除非他们几个在天黑之前能够赚到更多的钱,否则他们就只能在吃饭和睡觉之中选择一样了。

雇员甲很聪明,他用500日元买了一副墨镜,用剩下的钱租了一个二手的吉他,然后在广岛人来人往的广场上假装盲人开始卖艺。半天的时间也赚到了不少的钱。

雇员乙也很聪明,他用500日元制作了一个箱子,以纪念广岛灾难53周年的名义进行募捐。他甚至还用剩余的钱雇了两个大学生现场演说,不到半天的时间,就募捐了很多的钱。

但是雇员丙很让人失望,他只是找了个小餐馆美美地吃了一顿,1500日元就不见了。然后他带着剩下的500日元钻进路边的一辆废弃车里睡了一觉。

雇员甲和雇员乙一天下来,赚了不少钱,所以很高兴。但是没有想到的是,到了傍晚他们准备收工的时候,却出现了一个络腮胡子,佩戴着袖标,腰挎手枪的稽查人员,没收了他们全部的家当和收入。两个雇员没有办法,只好借了路费狼狈地回到了公司。但是,让他们更惊讶的是,那个稽查人员竟然也在公司!

你知道这是怎么回事吗?

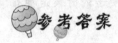

原来这个稽查人员就是雇员丙。他用自己剩下的500日元买了袖标,玩具手枪和络腮胡子,然后在自己美美地化装了之后,"收缴"了前两个雇员的钱。这是竞争时候迂回思维的奇妙效果,越是竞争,越是要出其不意,而且要懂得获胜的方式最好的一种就是吃掉对手。迂回思维虽然不是常规的思维,但是在竞争中胜出的往往都不是常规的。

足下生花

清朝的时候,镇江地区做木材生意最大的老板姓周,但是每年冬天的时候他要向政府上缴几千两银子的税。周老板觉得负担太重,但是不管他采用了怎样的手段,都无法让清正廉明的镇江知府降低税款。望着被退回来的各种礼物,周老板愁眉不展。

有一天,周老板突然听说知府大人要为自己的老母亲办八十大寿,一条妙计由此而生。于是他派人到处打听老夫人喜欢什么。因为知府大人是当地出了名的孝子,既然直接找知府大人帮忙行不通,不如找知府大人的母亲迂回帮忙。打听出来的结果是老夫人最喜欢的就是花,这原本不难,但是现在正值冬天,到哪里去寻找花呢。不过这个问题也没有困扰周老板太久,他很快地想到了一个应付的办法。

等到知府大人为老夫人做寿的当天,早早地周老板就带着自己的夫人乘着轿子赶来祝寿。周太太将要下轿的时候,丫环们就用绿色的绸缎将大门口到后厅的路覆盖上。就在大家都不知道要发生什么的时候,周太太已经款款地走上绸缎,只见她每走一步,梅花形的鞋底就会在绸缎上留下一朵梅花的图案。就这样,"梅花"一直盛开到了老夫人的面前。周太太便行礼祝福老夫人"福如东海,寿比南山"。老夫人看着那些梅花,不禁喜上眉梢,邀请周老板和太太入座。

整个宴席一共上了 24 道菜,但是更绝的是,每上一道新的菜品,周太太就会换一套新的衣服。每一套衣服上都绣着一种花,牡丹、荷花、月季……老夫人当然看得眉开眼笑。

果然宴席结束之后,周老板就得到了降低税款的许可。你知道他是怎么办到的吗?

参考答案

很简单,周老板只是让自己的夫人在宴席的最后向知府大人提出减免税款的请求,老夫人也在场,又正在兴头上,自然就命令自己的儿子答应了。而知府大人是出了名的孝子,自然不会违背自己母亲的想法。这就是周老板的妙计,在这里用了两次迂回思维,一次是利用老夫人来左右知府大人的决定,一次是利用假花来创造比真花更好的效果,拐个弯却比以往的任何一种方法都更接近捷径。这就是迂回思维的奥妙所在。

只交一半的关税

美国的海关是非常缜密的,几乎没有人能够既躲过海关的排查,又不触及到法律。但是海关税实在是太高了,所以还是有很多人想方设法地钻空

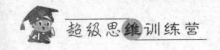

子,但都失败了。

这时候一个美国商人琼妮说:"美国海关再严也一定有空子可以钻的,只要动动脑筋就可以了。"为了证明这个观点,她从法国购进了5000双女式皮手套,按照正常的程序,她需要上缴大量的海关税,因为这种在法国价钱很低的皮手套在美国售价非常高。

但是琼妮却没有直接将这5000双皮手套运回美国,而是把每一双皮手套的左手发回了美国。5000只只有左手的皮手套被扣在了美国海关,但是琼妮却一直没有去提货。按照当时海关的规定,这批无人认领的货物被当作无主货物进行拍卖。大家都认为虽然这批皮手套的质量很好,但是只有一只手就没有什么价值了,所以根本没有人加价,琼妮因此以很低的价钱拍下了这批皮手套。

但是,就在她拍下皮手套的同时,海关也察觉到了其中也许有一些特殊的情况。因此他们决定严加排查,如果再有5000只只有右手的皮手套进入海关,那么他们就要让那个狡猾的商人得到应有的惩罚。

但是琼妮也料到了海关的反应,因此他略施小计。将剩下的手套顺利地通过了美国的海关。最后琼妮只交了5000只皮手套的关税,再加上拍卖会上微不足道的一点儿钱,就将整整5000双皮手套运到了美国。

你知道琼妮这次采取了什么计划吗?

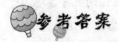

参考答案

琼妮料到海关一定认为皮手套这次会和上次一样成捆地进入海关,到时候只要发现它们都是右手的就可以。但是琼妮没有这么做,他准备了2500个包装盒,每个包装盒装上两只手套,这样海关就不会仔细排查,而自然而然地认为两只手套就是一副了。就这样,他利用迂回思维省下了一大笔钱。

火车上的抢劫

　　拉丁美洲某博物馆运送一批宝贵的古董去别的一座都市展览,途中要通过一片经常有劫匪出没的大草原,因此这件事是在极度秘密的环境下进行的,只有不多几个人知道运的是什么。

　　但是火车最终还是被劫。案发后,极有经验的警官 A 立刻乘直升机赶到连续行驶的列车上。

　　警官 A 第一个先到货车车厢找押运员 B 询问,B 是少数几个知情者之一。警官 A 敲了几下门,没有人答应,他用力一转门把手,门开了,原来 B 正坐在椅子上。当他知道警官 A 敲过门,就非常抱歉地说:"为了宁静,这节车厢的门又厚又重,列车在行进中根本听不见敲门。"

警官 A 请 B 介绍一下遭抢的环境，B 说："当列车高速通过草原的时候，我很紧张。正在这时，有人敲了 4 下门，我以为是列车员送水来，于是打开门。没想进来 3 个蒙面大汉，他们还戴着手套，不由辩白，就把我绑在椅子上，并用手帕塞住了我的嘴⋯⋯"

警官 A 仿佛听得很不以为意，他东张西望，看到地上有一个烟头，就打断了 B 的话："这个烟头是你扔的吗？"

"不，我不会抽烟⋯⋯哦，我想起来是一个挺胖的劫匪扔的。"

在 B 回复的时候，警官 A 始终注视着他的脸，察觉 B 脸颊上有两道很浅的伤痕，便问："你脸上的伤痕是被劫匪打的吗？"

"不是，是一个劫匪绑我时，被他手上的戒指划破的。"B 答道。

警官 A 点点头问道："你还有什么别的要讲吗？"

B 摇摇头。警官 A 却说："你编故事的本事太差了，到处都是漏洞，你被捕了。"

你听出 B 说的话中都有哪些漏洞了吗？

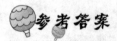 **参考答案**

押运员的话中主要有 3 处自相矛盾：列车的声音很大，警官 A 敲门 B 听不到，却听清了劫匪敲了四声；劫匪戴着手套，怎么可能戒指划破 B 的脸；劫匪既然都蒙着脸，根本不可能抽烟。

谈判的妙招

大家都知道日本经常从美国引进先进的技术再加以发展。一家日本公司最近也刚好在和另外一家美国公司进行技术协作谈判。但是，谈判开始，当美国的谈判代表拿出大量的数据、项目和费用资料的时候，却发现日本谈判代表几乎一言不发，听到他们滔滔不绝的意见就埋头认真记录。问到日方代表情况的时候，他们只是给出"我们目前还没有那么清楚"、"一些数据我们还不了解"这类的回答。于是第一次谈判就在这种混沌的情况下不明不白地结束了。

几个月之后,日本的公司以谈判代表不称职为由,重新派去一批新的谈判代表。但是这次的代表也没有比上次的好多少,对项目的准备还是非常不充分。因为技术水平相差太大了,这次谈判没有多久也结束了。

第三次谈判仍旧如此,美国人无法忍受日本人对待这个项目的态度,觉得自己受到了轻视。最后美国下了最后通牒:如果半年之后,日本的这家公司仍旧是现在的态度,那么协议就取消。随后,美国解散了自己的谈判代表团,将所有的技术资料存档,想要等到半年之后再次进行谈判。

但是,美国人没有想到的是,几天之后,日本人派出了一个庞大的代表团,以出其不意的精确准备取得了谈判的最后胜利。

你知道这是为什么吗?

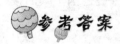参考答案

日本人是故意使用这种计策的,他们采用迂回的方式,让美国人降低对自己的提防,并且瓦解掉美国人原来的准备。他们最后派去的代表都是前几批代表中的精英,而且几次谈判下来收集了很多的信息,从而出其不意地取得胜利,这正是谈判的高明之处。在谈判中,正面争取很难取得成功,但是迂回行事却完全不同,迂回思维可以令对方在毫无准备的情况下失败。

四页重要的手稿

第二次世界大战后期,德国法西斯试图绑架当时丹麦著名的核专家玻尔博士,让他来帮助自己制造原子弹。丹麦反法西斯的地下组织得到消息之后,立即联系了玻尔博士希望能够帮助他逃到国外去。

玻尔博士临走的时候告诉地下组织的成员说,自己的大部分研究资料还留在研究室里没有取出,其他的倒不重要,但是有 4 张记录关键的公式和

数据的手稿藏在研究室牛奶箱后面的砖头缝里面。这份手稿十分重要,玻尔请求反法西斯地下组织想办法将自己的手稿带出来。聪明的玻尔博士料到德国士兵这时候一定会严密监视自己的实验室,就给地下组织想了一个办法顺利带出手稿。

第二天早晨,地下组织一个14岁的成员尼斯扮成送牛奶的孩子来到了玻尔的研究室,按照玻尔的交代很快找到了那份手稿。当他推着送奶车想要离开的时候,果然发现在不远处的十字路口有几个德国士兵正在搜查过路的行人,其中几个德国士兵还特别注意地看了自己一眼。于是,尼斯按照玻尔博士想出的注意,闪进了自己旁边的邮局。

几分钟之后,尼斯再次神色自然地推着送奶车走了出来。到了十字路口的时候,德国士兵果然对他进行了严格的搜查,但是却一无所获。两天之后,反法西斯地下组织成功地拿到了玻尔博士那4张重要的手稿。

你知道玻尔博士想出的办法是什么吗,尼斯是怎样逃脱德国士兵的搜查的?

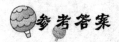参考答案

相信你也猜到了,尼斯采用了一个非常简单的办法就是不直接将手稿带回,而是在邮局的时候将手稿寄到地下组织的某个成员手中。这样,即使德国士兵再怎么搜身也没有可能搜到。而地下组织联系严密,不久自然就可以收到玻尔博士的手稿。这样做虽然迂回,但却是那种情况之下最安全的方式。

连环计

一天早上,湖北一个农副产品开发公司的陈经理办公室里来了一个大客户,他声称自己是广东一家公司的业务主管,边说边递上印有"王总管"字样的名片。一番客套之后,王总管讲明了来意,说是需要购买4万条麻袋。

陈经理原本这两天就在为公司最近盈利很少的事情发愁,对于这种送上门的好事情自然不会放过,就一口答应了下来。但是,当他询问公司的仓库管理员时,才发现公司库存的麻袋只剩下 2000 多条。经过和王总管再三商量之后,双方终于达成协议,由陈经理的公司负责组织货源,两个月之后王总管再来提货,每条麻袋的价格定在 2.5 元。两个人都觉得没有问题,于是当场签了合约。

虽然签了合同,但是陈经理除了喜悦还是有些担心的,毕竟只是凭着一纸合同去组织货源还是存在很多变故的。王总管似乎看出了陈经理的担忧,所以从自己的皮包里取出了 3500 元钱作为定金交给陈经理。这下子陈经理放心了,他马上开始组织人员多方面协调麻袋货源,但是所联系的单位要么是价格不合理,要么是库存不够。眼看着时间渐渐过去,两个月也马上就要到了,陈经理再次开始着急起来。

就在这个时候,外省的一个贸易公司经理上门来洽谈黄豆生意,对方递上来的"可供产品报价单"让陈经理眼前一亮。麻袋 栏后面的数量竟然有 6 万条,每条的批发价格为 2.2 元。虽然价格稍微贵了 点儿,但是马上就可以转手,陈经理想了想还是觉得很划算。于是抛开黄豆生意不谈,直接和对方谈起了麻袋生意,很快双方现款现货,两天的时间,4 万条麻袋就运进了陈经理公司的仓库里。

陈经理马上给王总管发去电报,催促他前来提货。但是发去的电报全部都被退回,原因是地址不详。派人前去广东打听,却完全无法找到签约的王总管所属的公司。陈经理这才发现自己是中了计中计,上当受骗了。

你看懂这个骗局是怎么回事了吗?

心惊肉跳的推理

参考答案

其实这是所谓的王总管利用迂回思维设下的一个圈套。原来他们的贸易公司因为经营不好积压了大量的麻袋,所以就利用这个曾经出差广东的王总管设下这个圈套,诱使陈经理上当。我们可以看到,思维可以救人也可以害人,利用迂回思维设下的骗局更是一环套着一环,不仔细思考很难看

清,所以当我们在日常生活中遇见像这种天上掉馅饼的好事时,一定要擦亮自己的眼睛,提高警惕,好好从不同思维的角度分析思考再做决定。

免费供应花生米

15 岁的哈利在一家马戏团做招揽顾客的工作,他非常聪明能干,所以马戏团的团长很喜欢他。但是哈利是一个既聪明又有志向的孩子,他不满足现在的状况,希望能够利用自己的智慧干出一些名堂来。

于是,一天,他向马戏团的团长请求,允许他在招揽客户的时候在马戏团的门口卖炒花生米,并许诺自己可以招揽来比以前更多的客户。马戏团团长原本就喜欢这个爱笑的孩子,所以只是告诉他不要影响马戏团的收入,其他的都可以随意去做。哈里非常高兴,马上回到自己的屋子里开始炒花生米,很快花生米炒好了,哈里将花生米包成小包之后又特意在里面加了一些食盐,有些得意地笑了笑。然后带着这些香味浓郁的花生米来到了马戏团的大门口。

"买一张马戏票免费赠送一包花生米,精彩的马戏表演,喷香的炒花生米,边看边吃,大家走过路过不要错过……"哈利大声吆喝起来。一会儿的工夫就吸引了一大群的人,一些原本不看马戏的人看着有免费赠送的花生米也都赶来凑热闹。很快,马戏票兜售一空,花生米也都送了出去。

马戏团团长很奇怪地对哈利说:"人家买马戏票你就送一包花生米,这不是赔本的买卖吗?"哈利却顽皮地一笑说:"团长,这你就不懂了,要想马喝水,给它吃把盐。"

观众们看着精彩的马戏,吃着喷香的花生米,一会儿的工夫,花生米就都吃完了。你能猜到接下来发生了什么事吗,哈利真的在做赔本的买卖吗?

参考答案

哈利当然不是在做亏本的买卖,他等着大家快要从马戏团出来的时候,

开始在大门口卖起了柠檬水。柠檬水的成本很低，但是非常解渴，大家刚刚吃了整整一包多撒了盐的花生米自然十分口渴，所以几乎都毫不犹豫地买了一杯柠檬水。这下子，哈利不但赚回了免费赠送花生米的钱，还小小地发了一笔财。大家也一定看出来了，哈利运用的就是迂回思维，实际上要卖的是柠檬水，免费送花生米只是达到这个目的的手段，先建立起客户的需求再满足需求，哈利想不赚钱都不可能。

厕所遇到的艳女

小吴是北京一所名牌大学刚刚毕业的研究生，正乘坐火车赶往聘用自己的一家南方公司报到。他在北京的时候就因为得了感冒嗓子嘶哑，所以在火车上一直默默不语。

当火车经过武汉的时候，天已经开始黑了，大部分的旅客都开始准备睡觉了。小吴也打算去完厕所就睡觉，但是他刚刚进入车厢一端的卫生间还没有关门的时候，一个身着艳丽服饰的女子也挤了进来，并且迅速地将厕所门锁上，厉声说："把你的钱包交出来，否则我就喊人说你要侮辱我。"

小吴心里明白在厕所这样的地方，自己的劣势很大，再加上没有任何人可以证明，自己说什么也都是狡辩，稍稍弄错的话自己就有可能身败名裂，跳进黄河也洗不清了。事发突然，现在又进退两难，小吴有点儿紧张地"啊"了两声，嘶哑的声音立刻引起了女子的反感，她再次厉声说道："你啊什么啊，难道你是哑巴不会说话吗？"

女子这句不经意的话却一下子提醒了小吴，他灵机一动想到了一个变被动为主动的好办法。你知道这个办法是什么吗？

参考答案

原来小吴顺着女子的说法张开了嘴，指着自己的耳朵，"啊，啊"地叫着，假装自己是一个聋哑人，不知道对方在说什么。女子明显始料不及，赶忙边

说话边打手势,小吴还是摇头表示不懂。于是,他从自己的兜里拿出钢笔和纸递给女子,示意对方将意思写在上面。女子不知道这是小吴的计策,就在纸上写道:"将你的钱包给我,不然我就喊人,说你侮辱我。"这时候,小吴迅速地拿回这张纸,然后抓住女子说:"这就是你才是抢劫犯的证据。"女子一下子不知所措了。在这种被动的情况下,装聋作哑,制造对自己有利的证据,是迂回思维扭转情况的又一个方法,大家可以多多学习。

土豆种植的推广

相信大家都觉得土豆是非常的一种植物,在各地都普遍种植。但是,在17世纪的时候,土豆的种植在法国还没有推广,人们对这种植物怀有很大的戒心,一些人看着它奇怪的模样甚至称它为"鬼苹果"。就连崇尚科学的医生们都认为,这种东西对人体的健康不但没有益处,甚至还存在着很大的害处。而农民们就更是认为即使只是种植,这种植物也可以让自己的土地变得贫瘠,因为它们会掠夺土壤的养分。

后来,法国一位著名的农学家安瑞先生去英国交流的时候,尝到了当地的炸土豆片,美味令人赞不绝口。而且,真正亲眼见证了土豆在英国的风靡。之后,这位农学家暗暗下定决心一定要在自己的国家里推广土豆种植。但是回到法国的安瑞不管怎么规劝,也无法说服自己家乡的任何人,大家虽然信服他的权威,但是对于这种"鬼苹果"还是敬而远之。

一天,安瑞因为他在农学发展上的贡献得以晋见国王,他趁机向国王要了一片非常贫瘠的土地。国王奇怪地问他需要这样的土地有什么用,安瑞回答道:"用来做农产品的实验。"

然后,安瑞开始自己在这片土地里种植土豆,但是为了使土豆的种植得到真正的推广,他再一次来到王宫请求国王借给自己一支卫队。他说:"尊敬的国王陛下,我在那片土地里种下了'鬼苹果',为了避免别人偷窃吃下去引起不好的后果,我想请求您借给我一支卫队来守护这个新品种。"

国王对安瑞非常欣赏,所以毫不犹豫地答应了他的要求。

你知道安瑞向国王要了一支卫队的真实目的是什么吗，为什么这样子可以推广"鬼苹果"呢？

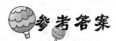参考答案

因为这种国王的卫队看守试验田的异常举动一定会激起周围人们的好奇心，大家肯定更加想要知道那片土地上种了什么。于是，等到晚上的时候，自然就有一群人进来偷窃，回去种在自家土地上，想看一看到底是什么东西。但是，正是这样的方式，土豆迂回地走进了法国的千家万户，并渐渐被大家接受，成为了大众餐桌上必不可少的一部分。有时候一些神秘的气氛能够有效地勾起人们的好奇心，利用这点，可以迂回地达到很多事情的目的。所以我们在生活中也可以多多发现，多多学习，多多应用，慢慢感受迂回思维的奇妙。

心惊肉跳的推理

第三章　相反的方向存在正解

思维的巧妙之处有时候还在于不是你只要掌握了一种思维就可以解决问题的,急智思维和迂回思维有它们的好处的同时也有缺点。在生活中我们经常遇到一些问题,正面思考无法解决,迂回前进也只是更费力气,而我们往往疏漏了反方向,因为向着反方向思考常常代表着错误。但是思维是不符合常理的,就是因为大家都知道正面思考,有时候不能解决的问题才需要求异思维。求异思维当然并不是让大家胡思乱想,异想天开,而是有目的、有智慧地去向一个反的方向思考。求异思维当然也是多种多样的,有时候我们没有必要去特别深入地研究它,只要我们在故事中发现它,感受它,不知不觉地就会养成用求异思维思考问题的习惯。

祷告的地毯

有一个叫希尔顿的年轻的推销员,他创造了很多的神话,因此总是能够完成别人不能完成的任务。有一次,希尔顿准备到阿拉伯去推销地毯,同行的人知道之后都阻拦他,因为大家都知道阿拉伯的地毯才是整个世界上质量和花纹最好的,在其他国家也非常畅销。而反过来,将其他国家的地毯卖去阿拉伯,无疑就是班门弄斧。大家认为,即使是希尔顿,也注定是要失败的。

但是希尔顿是一个不服输的人,所以他还是带着自己想要推销的地毯踏上了去阿拉伯的道路。开始的时候,就像大家所说的一样,没有任何人购买他的地毯,不要说赚钱了,就连本钱也都赔了进去。但是,即使遇到了这样的挫折,希尔顿仍然发誓自己不成功决不回头。

于是,他开始在阿拉伯一边流浪一边推销地毯,一边想办法来寻找突破。一路走来,希尔顿注意着当地的风土人情,虽然地毯依旧没有推销出去,但是和当地的一些穆斯林教徒却成了好朋友。他发现当地大部分的人都是穆斯林教徒,而他们常常都要朝圣,也就是跪在自己的小块地毯上,朝着麦加所在的方向祷告。

于是希尔顿突然灵光一现,想出了一个好的办法,就是这样一个小小的创新,不但让希尔顿将自己之前库存的地毯全部销售一空,还让他在阿拉伯地毯的销售市场上获得了自己的地位。

你知道希尔顿想出了什么创新的法子吗?

 **参考答案**

希尔顿在自己的地毯上添加了一个小罗盘,这个罗盘会固定指向北方,也就是麦加的方向。于是他将这种地毯宣扬成专门用于祷告的地毯,一时之间销售一空。在思考问题的时候,我们不能只是从问题的正面去解释,而是要向相反的方向去想,既然购买者是无法改变的,那么就从自己的产品方面入手,也许只是利用求异思维的一点点儿改变,就可以创造出巨大的成功。

摔死的特工

约翰尼是一个国际情报人员,在冷战时期,作为秘密特工的他奉上级之命潜入敌国,并和线人卡马森取得了联系。

两人相约在一间小酒馆里见面,正当他们谈话之际,突然冲进来几个警察把约翰尼拘捕了,原来卡马森是个反特工分子。

被蒙上眼睛的约翰尼,被警察带到一幢9层楼的底层。为首的那个警察

超级思维训练营

解开了约翰尼的眼罩，说："既然约翰尼老师从事的是这么见不得人的职业，我们只能秘密处决你了。"

一名警察拿出一个定时炸弹，炸弹将在5小时后爆炸。

被绳索反绑的约翰尼无法动弹，他想要逃生，就只有解开绑在手上的绳索。

那帮警察已经走了，室内只剩下约翰尼，他突然觉得一阵睡意袭来。显然，刚才在小酒馆里喝的酒中掺有安眠药，不一会儿，他便甜睡了……

当他醒来时，看到离炸弹爆炸只剩下5分钟了，他试着挣了挣手上的绳索，看到绳索竟然非常容易松脱。他急忙解去绳索，来不及细想，就从窗口跳了出去，随即传来一声惨叫。

过了几天，关于不明人员坠楼殒命的报道相继传开。

在仓库的底层为什么也会发生坠楼事件呢？

参考答案

警察改变了约翰尼的所在现场。他在睡觉时被移到了9楼。那个定时炸弹是不会爆炸的。约翰尼醒来时还以为自己在底层，结果在逃走时坠楼而亡。

死里逃生的老农

古时候有一个老农因为得罪了当地的一个富豪，被富豪陷害进了大牢。当地的法律很奇怪，如果一个人犯罪被判了死刑的话并不会直接行刑，而是还会给他一个生还的机会，利用抓阄来决定是流放还是死刑。只有生死两签，完全是听天由命。

但是这个陷害老农的富豪，一定要置老农于死地，所以他害怕这个老农运气比较好抓到了生签，于是就买通了制作阄的人将两个签都写成"死"。老农的女儿听到了这个消息之后，觉得自己的父亲恐怕必死无疑了，于是非

— 88 —

常伤心地将这个事情告诉给了老农。没想到老农听说了之后却非常高兴地喊道:"我有救了!"

女儿感到十分不解,但是第二天果然老农的刑罚由死刑改为了流放。你知道这是为什么吗?

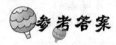

原来老农等到抓阄的时候,随便抓了一个扔到了自己的嘴里说:"我认命了,你们看看剩下的那个是什么吧!"结果大家自然就知道了,既然两个都是"死"签,那么倒着想,只要剩下的是"死"签,自己抓到的自然就是生了。正是巧妙地利用这种求异思维,老农才可以死里逃生。

亚历山大与"哥丹结"

大家应该都知道亚历山大吧?他是历史上著名的亚细亚王。公元前333年,亚历山大带领自己的军队进入了亚洲的哥丹城。

在哥丹城里一直流传着一个传说,说的是城里边悬挂着一个非常复杂"哥丹结",如果谁可以打开它,谁就可以成为亚细亚王。

亚历山大志向非常远大,因此对于这个传说更是十分有兴趣,于是他决定亲自见识一下这个难以解开的"哥丹结",并且尝试着去打开它。但是,连续几个月的时间,亚历山大尝试了无数的方法,都不能把这个"哥丹结"解开。他本来就是一个不服输的人,常常在这个"哥丹结"前面一站就是整整一天,自言自语地问:"究竟要怎样我才能打开这个'哥丹结'呢?"一天清晨,亚历山大突然恍然大悟,自己一直都是在一个误区里,其实自己只要按照"打开'哥丹结'"这个规则去做就可以了。于是,他来到"哥丹结"的前面,轻轻松松地打开了"哥丹结",不久之后,亚历山大就成了亚细亚王。

你知道亚历山大是如何打开"哥丹结"的吗?

心惊肉跳的推理

参考答案

　　亚历山大只用了一个非常简单的办法，他用自己的剑直接劈开了这个"哥丹结"。这种思维后来被称为"哥丹结"思维，也是求异思维里的一个代表。专注到要求的根本，打开"哥丹结"根本就不难，重要的不是打开方式，而是打开这个结果。亚历山大正是发现了这点，并且敢于尝试才能够扫清一切障碍，成为亚历山大王的。我们也要在生活中常常用"哥丹结"的思维来思考，简化问题，快速有效地解决问题才对。

证人在说谎

　　美国前总统林肯在真正成为总统之前当过一小段时间的律师。有一次，他听说自己一个已经过世的朋友的儿子阿姆斯特朗被指控谋财害命，而且已经初步被判定为有罪。林肯不相信这个情况，于是就以被告辩护律师的身份，向法院要求查阅整个案子的卷宗。

　　对阿姆斯特朗最不利的证词是一个叫作福尔逊的证人提供的，他说在案发当天晚上 11 点的时候，他在月光之下非常清晰地目睹了阿姆斯特朗枪击死者的整个过程。他发誓自己所提供的证词都是实话。在法院再次开庭的时候，林肯作为被告的辩护律师和原告提供的证人福尔逊做了面对面的对质。

　　"你发誓你看清了阿姆斯特朗的脸吗？"林肯问道。

　　"是的。"

　　"但是根据当时的情况，你说你自己是躲在了草堆的后面，而阿姆斯特朗当时应该是在大树下面，你们两个相距接近 30 米，你确定自己能够认清吗？"

　　"当然，当晚的月光很明亮，所以看得十分清楚。"福尔逊坚持说。

　　"你难道不是因为他穿的衣服才认清的吗？"

福尔逊回答道:"不是的,我看清的是他的脸,因为当晚的月光刚刚好照在他的脸上。"

"时间呢? 你确定当时是晚上 11 点吗?"

"我能肯定,因为当我回到房间的时候,发现时间刚好是 11 点 15 分。"

林肯就在这里结束了他对福尔逊的提问,接着向法院发表了辩护演说,并用事实说明了福尔逊其实是个骗子,他的证词全部都是谎言。

你知道林肯列举的证据是什么吗,他是如何确定福尔逊在说谎呢?

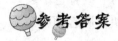参考答案

因为那天晚上其实是上弦月,半夜 11 点的时候月亮早就已经下山了,根本不可能有月光照在阿姆斯特朗的脸上。从这个角度出发,那么福尔逊所做的证词一定是假的。在这个故事里,林肯聪明就聪明在他利用求异思维,从福尔逊的证词出发,寻找其中与事实相反的地方,从而推倒证词,取得了这场辩护的胜利。

"顺手牵羊"的旅馆

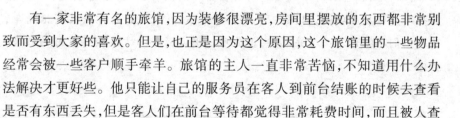

有一家非常有名的旅馆,因为装修很漂亮,房间里摆放的东西都非常别致而受到大家的喜欢。但是,也正是因为这个原因,这个旅馆里的一些物品经常会被一些客户顺手牵羊。旅馆的主人一直非常苦恼,不知道用什么办法解决才更好些。他只能让自己的服务员在客人到前台结账的时候去查看是否有东西丢失,但是客人们在前台等待都觉得非常耗费时间,而且被人查看也很没有面子,所以这家旅馆的生意逐渐开始不好了。

旅馆的主人觉得一直这样下去对生意影响非常不好,所以就召集了自己的手下们一起开会,希望能够找到更好的办法来制止顾客顺手牵羊,又不会伤害顾客的面子。

正在大家苦思冥想没有办法的时候,一位很年轻的主管说道:"既然顾

心惊肉跳的推理

客这么喜欢,我们就让他们带走好了。"

旅馆主人一听非常生气地说道:"这些东西都是需要成本的,这样的话我们岂不是会有很多损失?"

没想到年轻人胸有成竹地解释道:"让顾客带走也不代表着一定会损失,既然顾客那么喜欢,我们不如就在每件物品上标上价格,说不定这样做的话我们还反而会增加收入呢。"

大家一听他这么一说,就都明白了。于是非常高兴地按照他的计划实施起来。不久,这家旅馆多出了很多的东西,比如当地的一些特色小装饰品、精美的桌布等等,不但整个旅馆里外一新,而且还解决了顾客顺手牵羊的问题,生意也越来越多了起来。

你知道这是为什么吗?

参考答案

年轻主管其实采用的方式也是反向思考,既然想带走就带走,不要从阻止的方向想问题。要知道,很多旅客喜欢顺手牵羊并不是为了偷东西,而是因为喜欢旅馆里的物品或者只是单纯地想做个纪念。而且旅馆确实也没有规定说不可拿。年轻主管将各个物品都做了标价,又增加了很多有特色的物品,这样顾客喜欢的话就可以到前台登记购买,没必要偷偷拿走。而且旅馆也布置得更加漂亮,自然生意好了。看吧,解决问题的方法其实很简单,卖给他们不就好了?求异思维,总是可以用最简单的方法获得最好的效果,你学会了吗?

嫁祸他人的录音带

泰森是一名会计师,他主要负责审计和监督股票市场上市公司的财务运行情况,以便让股东了解到真实的信息,防止公司弄虚作假。

这一天,一份等待审核的年度财务报表放到了泰森的桌子上。这是一家经营地板装修的公司,叫"大地地板",从报表上看,这家公司经营有方,年利润高达 2000 万美元,这在经济普遍萧条的环境中是不多见的。

泰森发现许多材料不清楚,有的材料甚至被多次使用,他正考虑是不是打电话询问一下大地地板公司财务总监,电话就响了起来。

"喂,请问是泰森会计师吗?"电话里转来一个彬彬有礼的男声,"我是大地地板公司的财务顾问凯特森,如果能和您共进午餐我将非常荣幸。"

"我正想找你呢,"泰森说,"你们的材料有问题。"

"中午,我们在您事务所对面的咖啡馆见,我会把有关材料全部补齐的。"接着,泰森甚至都没有拒绝的机会,凯特森就挂断了电话。

中午时分,泰森找到了早就等候在咖啡馆里的凯特森。他要了点心和咖啡,跟凯特森寒暄了几句,便直截了当地问道:"凯特森先生,那些材料你带来了吗? 坦率地说,我对你们公司的赢利并不乐观,以你们的规模,似乎不大可能有这么高的利润额。"

凯特森微笑着点点头,递过来一个厚厚的信封。他说道:"50 万美元,希望您能给我们一个机会,如果再支撑一年,明年的这个时候,我们将是全国最大的地板集团了。"

作为一个会计师,泰森坚决拒绝了凯特森的贿赂,他有自己不可动摇的做人准则。凯特森于是转开话题,和泰森聊起高尔夫球来。咖啡馆的侍者看到他们愉快地谈论了一个小时,然后凯特森结账离开。两个小时以后,有人在咖啡馆的洗手间发现了泰森的尸体,他被尖刀刺中心脏,双目圆睁,好像发怒的样子。

警察在他的口袋里找到一个微型录音机,按下播放按钮,传来了这样的声音:"如果我出事,凯特森是最大嫌疑人……我拒绝了他的贿赂……天哪,他来了,啊!"

警察马上逮捕了凯特森,可是他坚持说自己是清白的,录音机是有人想嫁祸给他。由于没有别的证据,侦破陷入了僵局。

聪明的读者,你觉得凯特森是不是凶手呢?

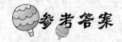

参考答案

凯特森不是凶手，他是清白的。

当警察按下小录音机播放按钮，这卷带子就从头开始播放，而如果确实是记录泰森被害现场的录音，会在泰森被害后继续往后走，直到走到头为止。从头开始的录音说明是有人把带子倒过来听过，如果凶手真的是凯特森，那么他一定会毁灭这份对自己非常不利的证据的。

国王继承人

古时候有一个聪明的国王，一天他觉得自己老了，就想将王位传给自己的儿子。但是他有两个儿子，而且都很聪明，究竟让哪个来继承才好呢？于是国王决定考验一下两个儿子，所以他仔细想了一个非常简单的问题来看看他们中哪一个更聪明，更能够有资格继承自己的王位。

想好了办法之后，老国王将两个儿子叫到自己的面前说："现在我这里有两匹马，一匹是黄骠马，另一匹是青鬃马，一个给老大，一个给老二。现在你们各自骑着自己的马到距离这里 10 里的清泉边上饮水，你们两个中谁的马走得慢，谁就可以继承王位。"

说完这段话两个儿子就出发了。老大心想，既然走得慢的胜利，那么就索性骑着马慢慢地走好了，或者自己应该先去休息一会，让老二先走吧，这样自己不费力气就可以赢了。所以他更是放慢了自己的速度，完全不着急准备，希望仅仅利用拖延时间来获得胜利。但是老二却并没有这样想，听完国王的问题之后，他立刻就骑上马，扬上一鞭飞奔而去，一会儿的时间就已经到达了清泉，让马儿在清泉边饮水。

国王听完两个儿子的情况之后，非常高兴，他认为老二是真正聪明的人，是能够继承自己王位的最好人选，所以就将自己的王位传给了老二。

你知道为什么偏偏最快到达清泉的老二获得了王位吗？国王难道是在骗人吗？

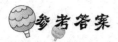

原来老二跳上的是属于哥哥的那匹马,飞快地骑到了清泉,这样自己的马就是最慢到达的那个了。这个故事里面,老二赢就赢在了他没有从正面去思考这个问题,怎样让自己最慢达到。而是反过来想着如何让老大最快到达,这样的话,问题就很好解决了,只要骑上属于老大的黄骠马就可以了。怎么样,这个办法很棒吧?

解雇书变成了推销信

大作家马克·吐温相信大家都是知道的,这个大作家过去其实只是一家叫作《密苏里州报》报社的一名小雇员。而且他在报社工作的时间里,因为自己思维非常独特又不会变通引起了主编的不满。这位主编亲手写了一封解雇书给马克·吐温。马克·吐温收到解雇书一看,大概是因为主编很生气,所以整封解雇书除了主编的签名其余部分都非常非常潦草。他好好地收起了这封解雇书,然后没有争执,收拾了自己的东西就离开了报社。

过了很多年,马克·吐温因为《黄金时代》这本书的出版,成为美国人人皆知的现实主义作家。当年的主编非常后悔自己曾经写了一封解雇书给这位大作家,所以一直希望能够有机会好好地向马克·吐温解释一下,当年是太激动造成的。正在主编觉得自己找不到机会好好道歉的时候,马克·吐温竟然主动地回到了报社找到了主编。

“主编先生,我是特意来向您表示感谢的。”马克·吐温非常热情地对主编说。

“谢谢?”原本心里就非常不安的主编听到马克·吐温这样说,就更加不知道怎么办了,就小心地问道:“我当年解雇了您,一定给您造成了很大的伤害,我非常抱歉。您从这里离开之后,生活的还好吗?”

马克·吐温高兴地说:“非常好!因为主编先生您亲自给我写了一封推

荐信,所以我找到了一个比这里还要好的工作。"

"推荐信?"主编更加奇怪地问道,"我只是写了一封解雇你的通知书啊!"

你知道这是怎么一回事吗? 无中生有的推荐信是从哪里来的?

参考答案

其实马克·吐温是充分利用了自己的求异思维,既然这是一封潦草得看不出内容的解雇书,那么为什么他不能成为一封看不出内容的推荐信呢? 从相反的角度思考,就会发现这封解雇书用途非常广。因为主编很有名,笔迹也很特别,同行的人只要一看就知道是他的笔迹。但是由于只有名字清晰,马克·吐温就对大家宣称:"这是鼎鼎有名的主编先生亲手为我写的推荐信。"看不懂信的内容的人自然不好意思询问,也就信以为真了,马克·吐温就这样利用求异思维得到了一个再好不过的工作。怎么样,你生活里有没有和这个相似的例子呢,你是怎么解决的,现在有更好的想法了吗?

最优秀的裁缝

在巴黎的一条大街上,有 3 个手艺非常好的裁缝。但是,他们实在是住得太近了,所以自然竞争得很激烈。3 个裁缝都为了压倒别人,争取更多的顾客而想着办法。于是他们纷纷选择在自己门口的招牌上动脑筋,要知道顾客第一眼看的就是招牌,所以这个办法应该是不错的。一天,其中一个裁缝在自己的招牌上写上"整个巴黎最好的裁缝",因此吸引了很多的顾客。第二个裁缝看见了这个情况,就在自己的招牌上写道"全国最好的裁缝",结果的确也多了很多顾客上门。

第三个裁缝看到这个情况自然非常烦恼,自己如果再想不出什么好办法的话,恐怕不用写就能够成为"生意最差裁缝"了。但是,怎样的词汇可以再次超过全国呢? 如果挂出了全世界这样的词汇,恐怕不但不能增加效果,

还会引来很多人的嘲笑。他正没有办法的时候，自己上小学的儿子放学回来了，看到爸爸烦心的样子就问了原因。听完了整个事情的情况之后，没想到，儿子竟然笑着说："这个很简单啊！"

于是他简单地在自家的招牌上写了几个字，挂了出去。第三天，另外两个裁缝正准备嘲笑第三个裁缝的时候，却发现他们家已经挤满了顾客。

你知道裁缝的儿子在招牌上写了什么吗？

参考答案

原来这块招牌非常巧妙地写着："这条街上最好的裁缝。"裁缝的儿子聪明就聪明在没有按照两个裁缝的模式不断地寻找更大的词汇，而是利用求异思维，反方向思考，从小出发，利用这条街来做文章。不管在全巴黎、全国是否是最好的，只要是这条街上最好的，就可以吸引这条街上的顾客了。怎么样，这种思维是不是可以帮助你找到更好的方法呢？

找水的狒狒

在非洲一个小小的草原地带有一个小村子，这里每年的降水量非常小，本身的水源也不丰富，所以水是这里最珍贵的东西。每年到了旱季，这里缺水的现象就会极其严重，村民们也因此感到特别不安。

几乎每个村民都在想办法寻找水，但是总是一无所获。直到他们发现了一个非常奇怪的现象，当地的狒狒即使在旱季的时候也没有因为缺水而离开。于是，他们中的有些人就开始思考了，既然是旱季没有水，那么动物们应该是无法生存的，所以动物应该是会离开，另外寻找其他地方安家的。但是既然这些狒狒没有离开，就应该说明这里并不缺水，不缺水的话就应该有水源存在。

大家顺着这条思路思考，也应该发现这个逻辑是非常正确的。所以当地人就按照这个思路想出了一个非常好的寻找水源的方式。

他们将狒狒捉到家中,然后喂给这些狒狒大量的盐,最后再将这些口渴无比的狒狒放跑。这些狒狒一旦脱离了人们的束缚,就飞快地沿着小路奔跑起来,一直跑到一个非常隐秘的山洞。人们追随着这些狒狒,发现山洞中原来有一股悄悄流动的泉水,村民们就这样发现了水源。这就是我想和大家说的另外一种求异思维,也就是从极其微小的事物中寻找解决大问题的方法。大家了解了这个思维,那么我考大家一个小故事,看看大家会不会应用这个思维:

如果有一个人被囚禁在高高的塔顶,所有通向塔顶的门都被封上了。他没有任何可以借助的工具从塔顶爬下来,所以即使这里没有守卫的人,他也无法逃离。

你知道怎样将这个人救下来吗?

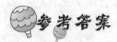 参考答案

这个人非常聪明,他让自己的妻子捉来一种叫做金龟子的甲虫,在甲虫的头顶涂抹上一点儿黄油,然后在它的腿上系上一根丝线。金龟子按照黄油的味道往上爬,就一直爬到了塔顶。于是他用这根丝线慢慢连接一根粗一些的丝线,之后是细棉线,之后一点点儿加粗,慢慢地,一根粗粗的麻绳就被拉到了塔顶。这种方法最重要的就是在于求异思维,把很小很小的事物逐渐放大,直到最后可以帮助自己走出困境。你想到了吗,或者你有什么更好的办法吗?

空保险柜

弗洛伊德博士的研究所里有一个体格健美的年轻人叫皮茨,他受到了弗洛伊德的青睐。在他刚刚来到研究所的第三天,弗洛伊德就将一串钥匙交给了他,并且将他带到了自己的保密室里。保密室的中间有一幅画像,弗洛伊德告诉皮茨,在这个画像的背后有一个保险柜,这个世界上有许多名人

的心理秘密都锁在这个画像背后的保险柜里。

弗洛伊德让皮茨熟悉下保密室内的一切，然后从窗台上搬了一盆绿色的植物放在画像的前面。最后，他非常严肃地对皮茨说："在这间保密室里一共有三道铁门，你手里的那串钥匙是唯一可以进出的钥匙。我在这个保密室里放了足够你生活的设施和食物。现在我需要你寸步不离地守在这里，直到七天后接替你的人到来。那时候你就再也看不到这里的一切了。"停了一下，弗洛伊德博士补充道，"但是你要记住的是这间保密室里的一切你都不能动，尤其是开启保险柜必须是我在场的情况下。里面的心理档案更是绝对不能偷看的。你能够胜任这个工作吗？"

"当然。"皮茨非常高兴地接受了这个工作。

一晃七天很快就过去了，弗洛伊德博士再次来到了这个保密室，他来到画像的前面，看到绿色的植物的宽大叶片都朝向墙壁的方向，于是他小心翼翼地移开花盆，然后对皮茨说："现在你可以打开保险柜了，现在你应该还记得密码吧？"

皮茨走过去开始打开保险柜，这时候，弗洛伊德转过身将室内的窗帘拉开，明亮的阳光一下子全都照在房间中央的画像上。

保险柜打开的时候，皮茨惊讶地喊道："是空的！"

弗洛伊德顽皮地笑了笑说："是空的啊，所以它没能满足你的好奇心吧，你一共坚持了多少天呢，五天还是六天？"

皮茨坚持地说道："我没有动过屋子里的任何东西。"

"其实你不说谎要好一点儿，现在你只能另外寻找一个工作了。"弗洛伊德严肃地说。

你知道弗洛伊德是根据什么知道皮茨在说谎的吗？

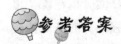参考答案

弗洛伊德一开始就怀疑皮茨，因为是刚刚招聘进来的人。但是弗洛伊德并没有从怀疑的角度出发，而是利用求异思维，从相反的方向出发，选择以相信的方式来考验皮茨。他故意派皮茨去看守空空的保险柜，想试探他

的定力。做出判断的方式也很简单，就是那盆植物，植物向阳，所以朝外的方向枝叶应该长得非常宽大茂盛，但是在故事里却恰好相反。所以大家知道这是因为皮茨移动过了之后才造成的情况吧？聪明的弗洛伊德正是从相反的方向出发才发现了皮茨的谎言，大家在生活中也要常常应用求异思维啊！

退敌的镜子

大家应该都知道数学家阿基米德吧？关于他的故事有很多，其中一个是说他智退敌军的。

公元218年的一天，古希腊叙拉古城上值班的士兵突然发现远处的海面上突然出现了无数敌军的战船。他惊慌地大喊起来："罗马人向我们发动进攻了！"

但是，罗马人的进攻实在是太悄无声息了，而且发现得也太晚了。眼看着罗马人的战船已经以扇形排开向这里快速前进。而整个叙拉古城，几乎所有身强力壮的男人都已经被派遣到前线去参加战争了，留守的士兵非常少，想要抵抗住这样的进攻几乎是不可能的。

留守在城里的指挥官非常着急，但是又想不出任何办法。就在这个时候，一个士兵对他说："我们城里有一个非常伟大的数学家，听说他很聪明，常常能够想到许多办法，也许可以帮助我们。不如我们派人将他请来吧？"

指挥官当然也知道阿基米德是出名的智者，所以马上派人将他请到了城楼。

阿基米德听说了情况的危机之后，也感到事情非常严峻。他在院子里走来走去，冥思苦想着，这个时候正是中午，太阳光非常强烈。阿基米德感到很热，抬起头，双眼就被炽热的阳光刺得睁不开来。但就是这样的时候，一个念头却突然出现在他的脑海之中。

于是他迅速找到了指挥官，对他说："请现在发布命令，召集全城所有的妇女，让她们每个人带一面镜子来到城楼上集合。"

指挥官虽然不知道阿基米德的想法，但是他还是非常愿意相信这位远近闻名的智者，所以马上发布了命令。不到一会儿，几乎所有的妇女都带着大大小小的镜子来到了城楼之上。

阿基米德就利用这些镜子战胜了前来侵略的罗马人，也成就了战争史上的一大奇迹。

你知道他是如何利用这些镜子的吗？

参考答案

原来阿基米德让妇女们准备好镜子，当敌人的战船靠得很近的时候，将手里镜子一起举起来，瞄准船上的指挥官直直地射了过去。几千面镜子，将太阳光都反射到战船的船帆和船员身上，马上战船就燃起了大火，大风更是将火鼓吹得更大。罗马士兵们还以为是发生了什么灵异事件，没有着火的船都立即掉头，逃回罗马去了。求异思维不但可以从反方向想到好的办法，更可以利用身边的一些小事物来达到更强大的效果。大家也要常常观察自己的身边，利用身边事物来解决问题哦！

不降反涨救灾民

宋代的时候，越州这个地方出现了一次蝗灾。就是成千上万的蝗虫集结在一起飞过，看上去就好像一大片乌云一样。大家知道，蝗虫是害虫，最喜欢的就是啃食植物。因此，这些蝗虫所到之处，所有的禾苗，树叶全部都消失了，连一点儿绿色都很难看见。这一年，整个越州是颗粒无收，老百姓们都没有粮食可以吃了。

这一年，担任越州知州的叫赵汴，对他来讲，最大的问题就是整治蝗灾了。要知道，虽然这一年颗粒无收，但是越州这么大一个州，有钱的人家也不少，这些人家大多在丰收的年间存下了很多粮食。但是，大家也知道，越是有灾荒，越是粮食少，粮食的价钱就越贵。老百姓们本来就已经颗粒无

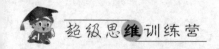

收,哪里来的钱去买比金子都贵的粮食呢?

面对越州米价飞涨的情况,一些官员沉不住气了,于是他们大家一起来找赵汴,希望他能够想出一个对策。大家虽然议论纷纷,但是说起办法,还是和曾经一样,由官府贴出一张告示,不允许米价上涨。而且的确已经有州县贴出告示,压制米价了。所以,大家的主要意思是催促赵汴尽快贴出告示,以免由于米价上涨老百姓们群起造反。

但是,一直听着没有说话的赵汴却突然开口说:"这次整治蝗灾,我有个想法,我们偏偏反着做,不但不去压低米价,还要出一张告示宣布米价可以随便上涨。"众位大臣一听全都呆住了,以为赵汴在开玩笑。但是赵汴很认真,大家也就无计可施了,毕竟人家官大一级,而且如果蝗灾治理不好,按理说斩头也不是斩自己的,所以虽然心里有所怀疑,大家还是按照赵汴的命令开始起草告示了。

告示贴出之后,不久,越州的米价果然降了下来,而且有很多米可以供百姓买,赵汴也得到了朝廷的嘉奖。你知道这是为什么吗?

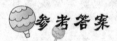参考答案

这是赵汴反其道而行的妙计起了效果。告示贴出之后,很多外地的米商也都赶到了这里。在自己本地卖,官府不准涨价,想要涨价就怕被告发,但是越州不一样,告示上说了可以随便涨价,于是大家纷纷涌了过来。开始的几天,米价确实上涨了很多,但是百姓们看到卖米的人这么多,都暂时不买。不久之后,米价就开始下跌了,而且一天比一天便宜,米商们虽然想不卖了直接运回去,但是运费也很高,回去了也还是限制米价,所以只好忍痛降低米价出售。这样一来,越州的米价并没有比其他州县高,而且还有米可以买,自然就在这次大灾之中成为了损失最少的州。不从降价的角度思考,而向反的方向想办法,问题也可以迎刃而解。

国王与鞋子

很久很久以前，有一个很喜欢打猎的国王。但是在那样一个时代是没有鞋子这样的东西的，所以打猎是非常危险的。不过幸好他是国王，几乎进出的时候都是骑马，很少赤脚走路，并没有发生过危险。

但是，有一次，国王在打猎的时候从马上下来去取猎物，结果倒霉的国王一不小心踩上了一个尖尖的木刺，痛得他把身边所有的人都大骂了一顿。回到宫殿，国王发现，原来自己走在宫殿里如此舒服，是因为整个宫殿都铺着厚厚的牛皮。于是，还在疼痛之中的国王便命令一个大臣，在一个星期之内，将整个京城的大街小巷都铺上牛皮，如果不能完成的话，就将这个大臣杀死。这可是一项巨大的工程，接到这个任务的大臣十分惶恐，但是国王的命令不得不执行，于是大臣开始下令自己的手下将大街小巷铺上牛皮。

但是才刚刚到了第三天，工程就出现了问题，因为几乎所有库存的牛皮都用完了，而眼看着才铺好了一点点儿的路。于是，大臣不得不下令开始宰杀牛，但是即使这样，牛皮也是远远不够的。

眼看着就要到了国王规定的期限了，大臣觉得自己一定性命不保了，于是整日在家里唉声叹气。他的一个小女儿冰雪聪明，了解了父亲的烦恼之后，就主动说："这件事就交给我吧。"

大臣觉得自己的女儿十分贴心，但是并不相信她真的有什么好的办法，只是苦笑了下。但是小女儿却十分认真地用两块小小的牛皮，按照脚的模样做了两只皮口袋。第二天，小女儿请求父亲带自己去见国王，无计可施的大臣只好同意了。

来到宫殿之后，小女儿还没有等到国王发怒，就首先说道："大王，您交给我父亲的任务，我们已经完成了。"

国王大怒："明明还有那么多街道没有铺上牛皮，你们竟然胆敢骗我？"

大臣吓得浑身发抖，但是小女儿却不慌不忙地将自己做的两只皮口袋拿了出来，并对国王讲明了用处，国王听后十分高兴，下令嘉奖了这个聪明

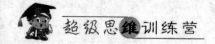

的小女孩。

你知道小女儿对国王说了什么吗？

小女孩将两只皮口袋拿出来对国王说："尊敬的大王，您只要将这两只皮口袋套在自己的脚上，就再也不会被木刺扎到脚了，而且不管您走到哪里，这只皮口袋都会好好地保护您的脚。"国王穿上之后走了走，果然十分舒服。于是他便下令将那些铺在街上的牛皮全都掀了起来，做成了成千上万只的皮口袋分发给所有的人。于是，大家一定也猜到了吧，这个皮口袋被不断做成各种样式，就变成了今天我们熟悉的鞋子。从相反的角度考虑问题，既然无法在街道上铺满牛皮，那么就在面积比较小的脚上包上牛皮，这就是求异思维解决问题的奇妙的地方。

饭桶演唱队

美国有一个很出名的乐队，名字非常奇怪，叫"饭桶演唱队"，正是这个奇怪的名字让他们有效地炒作了自己，才有了最后的成就。其实在最开始的时候，这个乐队并不叫这个名字，而是叫"三人迪斯科演唱队"。这个队伍最大的特点就是演唱队的成员是3个大胖子，甚至他们唱的歌曲内容也都是关于食物和胖子的，由于非常可爱，受到了很多人的喜欢。

有一次他们应邀到欧洲的一个城市演出，所居住的旅馆的老板看到他们3个都长得非常胖，穿上宽大的衣服之后，看起来就和3个大饭桶一模一样。于是旅馆老板就忍不住嘲笑他们，并且还特别轻蔑地说："不如你们创作一首饭桶歌，由你们来唱就再合适不过了。"说完哈哈大笑起来。3个胖小伙听出了旅店老板浓浓的嘲笑味道，也觉得十分生气，但是过了一会儿，他们冷静了下来，竟然又觉得非常高兴了。他们连夜创作了一首歌，第二天刚登台演唱就受到了大家的喜爱，唱片更是一上市就是10万张，不出几天就被听众们抢购一空了。

你知道他们即兴创作的这首歌是什么吗？

 参考答案

3 个胖小伙冷静下来之后，觉得旅店老板说的虽然是他们的缺点，但是也能成为他们的特点，所以他们索性立即创作了一首《饭桶歌》，并且将自己的乐队名称改成了"饭桶演唱队"。肥胖就肥胖，只要歌声好听，只要能够吸引听众，就能够成为自己的卖点。相信大家也想到了，求异思维不仅仅是向相反的方向去思考，有时候需要我们把自己的缺点当作优点来处理，这样我们就能够克服缺点，甚至利用它取得更好的效果。

数字知道谁是凶手

这天傍晚，富商菲尼的夫人在妹妹家里刚住了一天，就接到管家催她回家的电话。她刚进家门，电话就响了，听筒内传出一个生疏男士的声音："你丈夫菲尼在我们手里。要是你盼望他继续活下去，就快准备 40 万美金。你要是去报警，可别怪我们对菲尼不客气！"菲尼夫人听罢，瘫坐在地上。她思来想去了一整夜，认为还是应该报警。

足智多谋的汤米警长接到报案后，立刻驾车来到菲尼的别墅。首先，他去讯问一次管家。管家说："昨天晚上来了个戴墨镜的客人，他的帽檐压得很低，我没看清他的脸。看样子和老师很熟，他一进来老师就把他领进了书房。过了一小时，我见书房里毫无动静，就推门进去，谁知屋里空无一人，窗子是开着的，我就给夫人打了电话。"

汤米警长走进书房查看，没有找到什么像样的线索。他又看了看窗外，只见泥地上有两行脚印行踪，从窗台下不停延伸到别墅的后门外。看来，绑匪是押着菲尼从后门走出夫的。汤米转回身又过细看了看书房，发明书桌的台历上写着一串数字：7891011。汤米警长想了想，问菲尼夫人："你丈夫

有个叫加森(Jason)的朋友吗?"她点了点头。汤米说:"我断定加森便是绑匪。"果然,半小时后警察从加森家的地窖里救出了菲尼,加森因此入狱了。

你知道汤米是怎样根据那串数字推断出加森是绑匪吗?

参考答案

7、8、9、10、11 这 5 个月份的英文单词的词头是 J – A – S – O – N,说明绑匪是加森。

聪明的犹太人

有一个犹太老人在自己退休之后买了一套位于郊外的简陋的房子。因为房子周围的环境很好,也非常安静,老人非常喜欢。但是好景不长,3 个年轻人开始在老人的住处附近踢垃圾桶玩。

老人实在是无法忍受这些噪声,于是他决定出去和这些年轻人谈判。年轻人看到老人的时候,认为他一定是来阻止自己的,因此特意摆出一副毫不在乎的样子。没想到老人开口却说:"你们玩得这么高兴,让我想起了自己年轻的时候。如果你们每天都到这里来踢垃圾桶的话,我答应每天给你们每个人一块钱。"竟然有这样的好事,3 个年轻人想都没想就答应了。

接下来的两天,年轻人每天都来,而且比以往更加卖力,老人也如约将钱付给他们。但是第三天,老人满脸忧愁地对 3 个年轻人说:"唉,现在到处都是通货膨胀,我的收入也因此减少了,从明天开始,恐怕我只能付给你们每个人五毛钱了。"

3 个年轻人有点儿不高兴了,想了想还是勉强同意了,但是踢起垃圾桶来明显没有以前那么卖力了。一周之后,老人苦着脸对他们说:"真是抱歉啊,我最近都没有收到养老金,看来我以后只能给你们两毛钱了。"

你能猜到之后发生了什么吗?

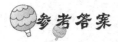参考答案

3个年轻人听老人这么一说立即火了,其中一个人大声说:"两毛钱?我们才不会为了两毛钱天天到这里给你表演呢,不干了!"说完3个人气哼哼地走掉了,而老人再次过上了平静的日子。故事里的老人聪明就聪明在他没有直接要求年轻人不踢垃圾桶,他们正处在叛逆的时候,越是让他们做的越是不做。因此老人巧妙地从相反的方向出发,雇佣他们表演给自己,然后不断压低价钱,让他们产生自己在这里踢垃圾桶很吃亏的感觉,这样,他们自然就不会回来了。

送对方2分

保加利亚队和原捷克斯洛伐克队之间正在进行着男子篮球赛的半决赛,离比赛结束只剩下8秒钟的时候,保加利亚队领先对方2分。而且发球权还是在保加利亚队,看起来他们赢定了。但是非常奇怪的是,保加利亚队的教练却一脸忧愁,对方的教练反而十分开心,这是为什么呢?

原来,在之前的比赛中,保加利亚队远远不如原捷克斯洛伐克队,只有在本场比赛中赢得5分以上的优势才可以出线。但是,在最后的8秒钟,想要再得到3分是不可能的事情。

这个时候,保加利亚队的教练却突然向裁判要了一个暂停,他利用这个时间向自己的两名队员布置了一个计策。

比赛重新开始了,只见这两个队员开球之后,将球迅速带往中场,于是对方的球队成员很自然地退回到自己的半场进行防守。但是,带球的保加利亚队球员却没有过半场,而是回到了自己的半场,轻轻一跳就稳稳地将球投进了自己的篮筐。同时,中场哨声响起,此球有效,保加利亚队送给了捷克斯洛伐克队2分,双方战平。

你知道为什么要送给对方2分吗?

心惊肉跳的推理

原来篮球比赛的规则是如果双方战平，那么就会有一个 5 分钟的加时赛。8 秒钟是无法再得到 3 分的优势的，从反方面想，放弃自己现在 2 分的优势却可以赢得 5 分钟的时间。果然，在 5 分钟的加时赛里，保加利亚队的队员士气昂扬，取得了 5 分的优势，进入了决赛。

宋太祖的计谋

北宋建隆年间，南唐后主李煜派能言善辩的徐铉带人到大宋进贡，虽然当时南唐国力远远不如大宋，但是李煜这种做法明显就是想证明自己手下的能臣比起大宋的臣子更有能力。因为按照当时的规定，徐铉在入朝觐见的时候会有一名大宋朝廷的大臣陪同。而朝中的大臣早就听说过徐铉，认为自己的辞令都比不上徐铉，所以谁也不敢担任陪同之人。

这件事情最后被赵匡胤知道了，出乎所有人意料的是，赵匡胤命令下属直接找到 10 个不识字的侍卫，从其中随便点了一个人说："这个人可以。"在场的大臣都非常吃惊，但是因为太祖已经下令谁也不敢反驳，所以只好让这个什么情况都不知道的侍卫去陪同徐铉。

徐铉见了侍卫，并不知道他在朝中的真实身份，只是料定对方必然来头不小。因此就故意滔滔不绝地发表了一通言论。但是侍卫却一句话都接不上，只是连连点头。徐铉这下子却有一点儿摸不着头脑了，只觉得对方深不可测，所以只好硬着头皮继续讲下去，越讲越高深。但维持了几天的时间，侍卫除了点头还是未曾发表过任何见解。徐铉感到无从入手，也就不再说话了。只得承认大宋朝廷人才济济，非南唐可比。

你知道为什么一个不识字的侍卫可以胜得过博学善变的徐铉吗？

这件事情的结果妙就妙在宋太祖运用了求异思维,从反的方向思考,正常应该派一个比徐铉更能说的人,但是他偏偏找一个不认识字的人去应对。这样反而激起了徐铉的猜疑,认为对方必定是深不可测,无法猜透,所以也就不敢放肆了。所以有些时候,能力强的人也未必就是胜者,只要我们学会正确使用求异思维,往往能够以弱胜强。

一半的足迹

一天深夜,白沙湾 A 座别墅里的台湾富商林敏,遭到了入室盗窃,盗贼将别墅里代价千万元的几件古董,神不知鬼不觉地盗走了。

第二天,台湾富商林敏正想欣赏古董,却察觉到已被人偷走了,他立刻向当地警方报了案。警方立刻赶到别墅进行侦查,却没有查到任何的线索。

警方只是在别墅打开的窗子,找到了小偷的脚印行踪从窗子不停延伸向海岸,但是,离开的脚印行踪在沙滩中段却突然不见了。

聪明的你知道小偷是怎样逃离的吗?

心惊肉跳的推理

 **参考答案**

小偷得手后,随即离开现场,他走到一半,按照原来的方向往回走,从而神不知鬼不觉离开了现场。

不漏油的圆珠笔

1938 年,匈牙利人发明了圆珠笔,一时风行。但是由于漏油的毛病,这种笔在流行了一段时间之后就渐渐被人们废弃了。1945 年的时候,一个美国人发明了一种新型的圆珠笔,但是也因为漏油的原因没有得到广泛的应用。

圆珠笔的漏油事件成了它发展的阻碍。很多人都从常规的思维思考,希望从圆珠笔漏油的原因处找到解决办法。其实,圆珠笔会漏油原因很简单,一般来说写了 2 万字以后圆珠笔的笔珠就会受到很大磨损,然后弹出,圆珠笔的油墨就会流出来。

所以很多人都尝试着增加笔珠的耐磨损性,他们投入了大量的人力和财力,甚至采用了不锈钢或者宝石来制作笔珠。结果,耐磨损性的问题解决了,笔芯内部与笔珠接触的部分又会被磨损,还是会产生漏油。

正在大家一筹莫展的时候,日本的发明家中田藤山郎竟然非常巧妙地解决了这个问题,而且还省下了大量的制作成本。你知道他是怎么做到的吗?

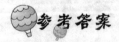 **参考答案**

他采用的是求异思维,既然笔珠的耐磨性能提高会引起问题,不具备可行性,那么就干脆放弃增加笔珠耐磨性的研究,而把圆珠笔写字的字数控制在两万以内,就可以解决这个问题了。于是,他减少油墨量,给每只笔芯只

灌注能够写1.5万字左右的油墨。这样,圆珠笔的漏油问题得到了解决,渐渐地开始流行起来了。

哪个硬币最值钱

美国前总统加菲尔德小时候是个性格内向的孩子,因为十分害羞,所以很少与人交流,身边的人都认为他的智力有问题。曾经有一个大人故意在他的面前扔下一些5分的硬币和10分的硬币,想要看看他的反应。就像大家所预测的那样,小加菲尔德总是将那些5分的硬币捡起来,而对于面值更大的10分硬币却看也不看,人们非常得意,就都哈哈笑着叫他小傻帽。

这个事情一传十,十传百,越来越多的人带着好奇心前来测试,他们在小加菲尔德的面前扔下面值不同的两种硬币,每一次小加菲尔德都真的只选择小的5分硬币。于是,人们真的认为这个小孩子的智力一定出了问题。

有一天,一个满身华丽打扮的贵妇人在多次尝试之后,终于带着同情心温柔地问小加菲尔德:"你为什么每次都只捡起5分的硬币呢,难道你不知道它们哪个大哪个小吗?"

"当然知道。"小加菲尔德冷淡地回道。

既然加菲尔德知道,为什么他还要每次都选择5分的硬币呢,你知道为什么吗?

参考答案

小加菲尔德继续带着嘲讽说:"如果我不这样做的话,你们会一直这么扔硬币给我吗,我到哪里去找到这么多钱呢?"哪个硬币的价值更大一些相信大家都知道了。有些事情我们就是需要从相反的角度思考,把问题和结果的反面都思考对比一下,选择其中真正有利的那个。有时候,表面看起来价值很高的东西很短暂,5分硬币虽然面值小,但是却源源不断,求异思维创造了更多的收益。

救人的拿破仑

大家都应该知道拿破仑,他不仅仅是一个带兵打仗的天才,还是一个处理突发事件的好手,受到了士兵们的尊敬。所以,在整个法国,关于他的故事数不胜数。

有一次,拿破仑到自己的军营视察的时候路过一片森林,他听到附近有十分紧急的呼救声,就赶紧策马赶了过去。原来,呼救声来自一个湖里,一个士兵正在湖水里艰难地挣扎着,越是挣扎,越是向深水区的方向漂去,眼看着就有生命危险了。岸上围观的士兵虽然很多,但是也都是乱成一团,他们中间没有一个人会游泳,只能在一旁干着急。

拿破仑赶紧问道:"怎么回事?"

"他说自己会游几下,就表演给我们看,但是没想到他才游了几下就成了这个样子。"士兵中有人回答说。

出乎大家的意料,拿破仑竟然对着水中的士兵命令道:"你还在湖水里折腾什么! 立即给我游回来!"

"报告……我已经不行了……"水中的士兵一边挣扎一边喊道。

"胡说! 你明明就是偷懒,如果你再不回到岸上,我就枪毙你!"拿破仑掏出枪威胁他。

"你就是枪毙我,我也没有办法。"士兵再次高声哭喊。

拿破仑想了一下,竟然真的举起枪瞄准那个湖中士兵的方向,"啪啪"就是两枪。但是那个士兵不但没有死,还成功地捡回了一条命,你知道这是为什么吗?

 参考答案

拿破仑是故意把子弹打在士兵的身边,士兵原本没有想到拿破仑是真的要开枪,这一下子吓得脸色惨白,身上一下子增加了许多力量,竟然挣扎

着游回了岸边。拿破仑这个办法看起来是侥幸，其实却是经过思考的，因为周围的士兵谁也不会游泳，不可能下去营救。想要活命只能依靠溺水的士兵自己，人在应激状态之下反而会突然爆发力量。所以，他反向思考，不但没有鼓励士兵活着，而是拿一条死路逼他，从而调动了士兵求生的潜力，幸免于难。

做梦的秀才

有一个秀才第三次进京赶考了。他住在一个熟悉的店里。考试的前两天他做了3个梦。第一个梦是梦见自己在墙上种白菜，第二梦是自己在下雨天的时候明明打着伞但还戴着斗笠，第三个梦是梦见自己和心爱的表妹背靠背地躺在了一起。秀才觉得自己这3个梦里一定有什么深意，于是第二天他赶紧去找一个算命先生解梦。

算命先生刚刚听完秀才描述完自己的梦境，就拍着大腿说："唉，我奉劝你还是回家吧，这次赶考估计也没有可能中第了。"秀才一听急了，马上问："为什么？"算命先生说："你看，高墙上你种白菜这不是白费劲吗？明明打着伞还要戴斗笠这不就是多此一举吗？而你和表妹躺在一起本来是好事，但却背靠背这不是说明没戏吗？3个梦明摆着，你还是回家准备下次赶考吧。"

秀才听完解释之后，果然心灰意冷，回到店里就开始收拾自己的行李准备回家了。店老板看见这个情形觉得十分奇怪，就问道："你不是明天才考试吗，怎么今天就要回家了？"

秀才听了之后就将前后经过一五一十地说了。店老板听完之后笑着说："其实我也是会解梦的。依我看，你这次非但不能走，还一定要考，而且肯定可以考中的。"他对着秀才重新解释了一番梦境的意思，秀才果然觉得更有道理，更加振奋地准备考试，居然真的中了探花。

你知道店主是怎么解梦的吗？

参考答案

店主对秀才说:"你看,墙上种白菜那不就是高中吗?打着伞还要戴斗笠说明你是有备无患吧?跟你表妹背靠背躺在床上,不是说明你翻身的时候就要来了吗?"店主只是将同样的问题反过来思考,情况就完全不同,可见,求异思维里面大有天地,重要的是你是否能有所作为。

到底该抢救哪幅画

德意志的路易皇帝非常喜欢收集各种名画,在他的皇宫里更是挂满了历代名家之作。有一次,皇宫里面举行了一个有奖智力竞赛,路易皇帝受邀出一个题目。皇帝满意地看着自己珍藏的画作说:如果我们德国最大的博物馆失火了,情况非常紧急,等待救火人员也不现实,现在只允许你抢救出一幅画,那么你会抢救哪一幅画呢?

大家不妨也像当时在场的参与者一样仔细地思考一下这个问题,看看你的答案会不会更好。在这些参与者中,答案真的是五花八门,最贵的那幅画,最有名的那幅画这两种答案是出现次数最多的。但是路易皇帝只是摇了摇头,并不满意。

这时候,参与者中的一个叫做奥卡姆的人站了起来,说了一句话,路易马上点头赞赏,下令赐给他一大堆奖金。你知道奥卡姆是怎么回答的吗?

参考答案

奥卡姆只是简单地回答了一句:我会抢救距离门口最近的一幅画。很显然,其他参与者在这个问题的回答上只侧重了画的价值,而忘记了特定的环境。在这种特定的紧急情况下,我们要学会从反的方向来思考,博物馆里的每一幅画都是无价之宝,既然是抢救,那么就要救最容易最能确保的一

幅,自然就是离门口最近的一幅了。怎么样,你的回答和奥卡姆的是不是相同,还是说,你还有更好的答案呢?

黄蜂是上帝的特使

美国的第一任总统华盛顿,从小就天资过人,因此有很多关于他少年在家乡时的故事流传了下来。

华盛顿少年的时候他的邻居遭到了盗窃,损失了很多衣服和粮食。村长马上召集村民一起开会商讨破案的方法。大家七嘴八舌也没有找到破案的好办法。这个时候,还年少的华盛顿把村长拉到一旁悄悄地说:"我觉得从丢失的东西和小偷作案的时间上分析,小偷应该还在我们村里。"

村长一听明白华盛顿肯定已经想出好办法了,就问:"你有什么办法破案吗?"

华盛顿在村长旁边耳语一番,村长马上露出了了然的神情。等到晚上的时候,村长按照华盛顿的计策将村民们召集到卖场上,说是华盛顿有一个故事要讲给大家听。那天晚上天气特别好,月光皎洁,华盛顿于是开始说:"大家可能不知道,其实上帝在人间真的是有特使的,黄蜂就是其中的一种。你们仔细观察就会发现黄蜂有一双亮晶晶的大眼睛,有识别人间真伪、善恶的能力,尤其是在月光灿烂的时候,黄蜂更是会飞向人间……"华盛顿讲到这里,故意停了一下然后大声喊道:"哎,小偷就是他,就是他偷了普斯特大叔的东西,你们看,黄蜂正在他的帽子上打转,就要落下来了!"

人们听他这么一说马上开始纷扰起来,一个个都扭头观望着。华盛顿在一片混乱之中指着一个人大声说:"小偷就是他!"小偷无法抵赖,只好认错了。

你知道这是为什么吗,真的是黄蜂找到了小偷吗?

参考答案

    华盛顿其实根本不知道小偷是谁，至于上帝的特使黄蜂的故事更是瞎编的。他只是换了一种方法思考，用这个故事和气氛逼迫小偷自己暴露。当大家都专注于这个故事的时候，就真的以为华盛顿说的是真的。所以当大家四处扭头寻找小偷的时候，真正的小偷正慌忙地伸手到自己的帽子上想要把黄蜂赶跑，这样一来自然就暴露了。当着这么多人的面，小偷自然无法抵赖，只好乖乖地接受惩罚。换个方向思考其实是非常简单的方式，重要的是我们要有这样一种意识，一种使用求异思维的意识。

第四章　办法其实有好多

发散思维在我们的生活中有着更重要的地位,因为思维的多方向性为事情的解决提供了多种的方法,这样才能够给自己更多的选择,从中选择更好的办法。而且我们可能会遇见一些问题,不管是从常规的角度,相反的角度还是迂回着思考都无法解决,这个时候发散思维的魅力就体现出来了。因为是发散的,没有规律的,流畅的,所以常常带有出其不意的感觉。甚至有些时候会令人觉得莫名其妙,但是只要是能够解决问题的方法就都是好方法。发散思维给我们大家一个更为广阔的思考空间,让我们能找到更多这样的好办法,并且在用发散思维思考的同时,进一步拓宽我们的大脑,让我们的生活更加多姿多彩。所以,在这一章里,就让我们一起走进发散思维神奇而又广阔的世界,一起来看看发散思维的宽广。

完美的艺术品

在罗丹的所有雕塑作品里,最有名的就是没有手的巴尔扎克了。其实,大家可能不知道,这个有名的雕塑在最开始的时候并不是这样的,最初它是完整的。罗丹为了完成这个雕塑,亲自访问了巴尔扎克的故乡,甚至找到了巴尔扎克衣服的尺寸。终于,这份雕塑的最后一刀结束了,罗丹满意地看着自己的成果,心里满是快乐。

虽然这时候还是半夜,但是罗丹实在是太兴奋了,于是他叫醒了自己的一个学生,想要看看他看到自己的作品的反应。果然,学生深深地被这个作

品吸引了,他的目光牢牢地锁定在巴尔扎克那双充满生命力的手上,大声地夸奖说:"好神奇的一双手啊!"

这是最真实的夸奖,但是罗丹的喜悦却一下子消失了。他赶紧叫醒另外一个学生,没想到这个学生也和上一位一样,并且夸赞道:"这是一双活着的手,是奇迹的作品!"罗丹的脸色更加难看了,他叫醒第三名学生。第三名学生果然紧盯着那双手喊道:"这双手太完美了,老师,您成功了!"

又是相同的夸奖,罗丹这次真的开始焦躁不安了,他在自己的工作室里走来走去,不住地思考着。过了一会儿,他冷静了下来,找到了一把斧子,直直地对着雕像上那双人人都夸奖的手砍了下去。"咔嚓"一声,这座完美的雕像失去了它最美好的部分。学生们都惊讶得连话都说不出来了,他们都因为这双手的消失而感到惋惜,而罗丹却终于踏踏实实地笑了。

你知道罗丹为什么会砍掉这双完美的手吗?

参考答案

这就是发散思维的神奇,罗丹没有停留在学生们夸奖的表面上,而是发散性地去思考问题。人人都夸奖这双手,它实在是太突出了,突出到已经掩盖了整体的美丽。而砍去它,才能够将完美还给整个艺术品。面对他人的评价甚至是夸赞,罗丹能够利用发散思维去思考问题,这才使这座巴尔扎克的雕像成了真正的无价的艺术品。

推销员的智慧

美国有一个很有名的推销员叫亨曼,有一次,他被分派到美国的一家新兵培训中心去进行军人保险的推销。军人保险是非常不好推销的,因为对于他们来说,金钱是永远换不来生命的。但是,只要是亨曼去过的新兵培训中心,几乎所有的新兵都自愿购买了保险。

于是,一个对他的推销之道十分好奇的人悄悄地尾随着亨曼来到了他

的演讲课堂上,想要看看他究竟对那些新兵讲了些什么,使他们下定决心购买军人保险。

只听见亨曼和其他推销员很相似地开场了:"小伙子们,现在由我来向大家解释军人保险的好处。假如国家有战争发生,而你在战场上不幸英勇地阵亡了,如果你已经购买了金人保险,我们将会给您的家属20万美元的赔偿;但如果你们没有保险,你的家人仅仅能从政府得到6000美元的抚恤金。这是相当大的差距。"

偷听的人想,这和其他人并没有什么区别,他甚至可以想到底下的新兵们反对的话。果然,一个新兵站起来悲愤地说:"钱有什么用?多少钱也换不回我们的生命。"这句话一说出来,台下便响起了此起彼伏的赞成声。

但是亨曼却不慌不忙地说了一句话,仅仅是一句话,台下的新兵们都沉默了,偷听的人恍然大悟,终于明白亨曼的高明之处了。

你知道亨曼说的是什么吗?如果是你的话,你会用怎样的方法去说服那些新兵们呢?

 参考答案

亨曼只是和颜悦色地说了一句:"你们错了。你们想一想,如果真的有战争发生,政府会派哪种士兵到战场上去,是买了保险的,还是没有买保险的呢?"想必大家都知道这个问题的答案了,士兵们一听自然也就明白保险在这个时候已经不仅仅代表着阵亡之后的赔偿,还代表着免上战场的护身符,所以自然纷纷购买了。这就是发散思维神奇的地方,我们在看问题的时候,绝对不能仅仅只专注于一个点,要从这个点发散出去,去寻找更多相关的东西来解决问题。亨曼正是擅长在推销之中使用发散思维,寻找到巧妙的地方去说服他人,才成就了他高明的推销之道。

心惊肉跳的推理

绑了自己

在一个白雪纷飞的寒冷中午,法国克拉蒙城"红玫瑰"夜总会的老板波克朗来到恋人玛特兰住的地方。一进到屋里,波克朗不禁大吃一惊,只见玛特兰被绑在床上。

"这是怎么一回事儿?"波克朗急问,并为自己的恋人解开绳索。"昨晚10点左右,一个蒙面歹徒闯进了我的房间,把我弄成这样之后,把我的银行存折拿走了。"她一边哭一边说着,一副伤心的模样。

波克朗内心不由得暗骂道:"这挨千刀的。"

他环视着房间的四周,一切如新,取暖的炉子上一个水壶仍在冒着袅袅蒸汽气。波克朗拨通了警察局的电话,5分钟后,警长斐齐亚带着两名助手赶到了现场。

"你没动房里的东西吧,波克朗老板?"警长首先问了一句。"保护现场,这我当然知道。"波克朗答道,而且告诉了他恋人陈述的一切。

"那好,我告诉你,绑住你恋人的不是别人,正是她自己,她对你撒了谎。"

警长斐齐亚在现场找到了什么证据使案件被这样侦破呢?

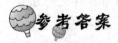参考答案

波克朗中午来到他恋人玛特兰的住所,据他恋人所说的话,时间应该是14个小时了,那么水壶早就烧坏了。因此波克朗的恋人在说谎。

小广告成就了大作家

毛姆是非常著名的小说家,但是在他真正成名之前,他的小说根本无人问津。即使书商们想了非常多的办法来推销,它们仍然是整齐地排列在书架上销售不出去。

毛姆因为这件事情十分沮丧,他非常相信自己的作品,问题是怎么让没有看过自己作品的人选择购买呢?眼看着自己的生活因为没有收入即将陷入窘境,他开始仔细寻找着办法。突然间他灵光一闪,利用自己剩下的最后一点儿钱在当地的报纸上登上了一条征婚启事。

这条征婚启事刚刚刊登出去不久,毛姆的小说就被销售一空。书商们不得不加印小说,才能够应付纷纷前来购买的人。毛姆的名声也一下子在小说界打响了。

你知道毛姆刊登的这则征婚启事的内容是什么吗?

参考答案

　　这条征婚启事的内容是："本人是一个百万富翁，年轻有为，喜好音乐和运动。现想征求一个和毛姆小说中的主角一样的女性结婚。"这条广告一经登出，那些还没有结婚的女子们，不管是不是真的有想法和富翁结婚，都跑到书店去买了一本毛姆的小说，来看一看是什么样的女性有这样大的魅力。男子们当然也会好奇，什么样的女子让一个百万富翁如此着迷，所以当然也忍不住买了本小说来看。于是销售狂潮自然就产生了。发散思维是非常灵活的，思路可以想怎样开阔就怎样开阔，只要找到相关的一点，就可以取得成功。像故事中利用自己的发散思维，毛姆不但使自己的生活得到了保证，还真正地在小说界站稳了脚跟。

阿根廷香蕉

　　大家在看故事的时候应该可以注意到很多高明的推销员都是擅长使用各种怪异的思考才取得成功的，这是因为推销其实是最考验人思维的工作。下面我们讲的也是一个推销员的故事，他是一个推销奇才，名字叫鲍洛奇。

　　有一次，鲍洛奇接到了一个比较棘手的工作。一家水果贮藏店的冰冻厂不知为何起火了，等到火被扑灭，贮藏在冰冻厂里的18箱香蕉的表皮都已经被烤得发黄，而且表皮上还布满了小黑点。这下子几乎是没有办法销售了，于是水果店的老板便找到鲍洛奇，将这份销售的工作交给他，说是只要低价卖出就可以了。

　　开始的时候，不管鲍洛奇怎样和大家解释，人们都不理会这些看起来已经变质的香蕉。无奈的鲍洛奇只好坐下来自己品尝这些变色香蕉，他发现一个奇怪的事情，这些被大火熏烤过的香蕉不但没有变质，而且吃起来反而有一种独特的味道。

于是,一条妙计出现在了鲍洛奇的心里。第二天,他在箱子上贴上"最新进口的阿根廷香蕉,独此一份,售完为止。"有好奇的年轻人停在摊位前犹豫不决,鲍洛奇就亲手将香蕉剥开给这位年轻人试吃,年轻人一试,果然风味独特,从未品尝过这样的味道。于是,不到一天的时间,香蕉全部被销售一空。

这些香蕉真的是阿根廷香蕉吗,为什么这个办法可以行得通?

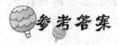 参考答案

香蕉当然还是那些被熏烤过的香蕉,但是鲍洛奇却懂得利用发散思维,寻找事物的可能性,想出出其不意的想法。既然香蕉本身好吃,那么只要引起人们的好奇就可以,不断地顺着这个念头向外发散,就可以找到解决的办法。所以,大家在平常的生活之中,也要多多地运用发散思维,让自己思考问题的方式更加开阔。

非洲的礼物

华若德克是美国实业界举足轻重的一个人物,有他在的展销会总是吸引很多人的光顾。但是在他真正成名之前,这些是想都不敢想的。曾经有一次,他好不容易参加了在休斯敦举行的商品展销会,但是他十分沮丧地发现,自己的展销摊位是在一个非常偏僻的角落里,这个角落很少有人经过,想要成功是几乎不可能的。

就连为华若德克装饰摊位的工程师都奉劝他放弃这个摊位,因为这里的偏僻足以让任何好的产品也都被埋没起来。但是华若德克却实在不甘心放弃这样一次机会,他沉思着渴望找到办法来克服不好的地理位置带来的弱势。但是怎么样才能使这个偏僻的角落变成这个展销会的热点呢?

就在他一筹莫展的时候,他开始回忆起自己创业的不容易,想到自己受到的歧视和排斥,连这个摊位也被安排在了最偏僻的地方。突然,他的心里

心惊肉跳的推理

涌现出了一幅非洲的画面,他觉得自己和那些黑种人一样受着本不应该的歧视,这是不对的。带着满心的感慨他再次观察起自己的摊位,突然一个异想天开的念头出现在他的脑海里:竟然大家把自己当作非洲难民,那索性他就做一次真正的非洲难民。

于是他赶紧找到设计师,让他将自己的摊位打造成阿拉伯宫殿的样子,并且将各种具有非洲风情的小饰物布置在摊位的角角落落,就连摊位前面那一条荒凉的路都被他变成了沙漠的样子。在这里工作的员工也都身着非洲当地服装,运输货物的工具也由双峰骆驼来代替。这下子非洲的气息完全体现了出来。

华若德克还安排人准备了大量的气球,他高兴地说:"这些气球将会为我带来源源不断的顾客。"果然到了展销会开幕的当天,这个小小的偏僻的摊位聚集了非常多的人。

你知道华若德克是怎样利用那些气球带来客人的吗?

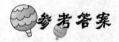参考答案

原来华若德克派人在气球中放入了一个小小的卡片,上面写着,亲爱的先生和女士,当你捡到这张卡片的时候,您的好运开始了,请您到华若德克的摊位,接受来自遥远的非洲的礼物和祝福。开幕的当天,无数的彩色气球升到空中自行爆炸,落下数不清的卡片。人们感到好奇,纷纷拿着卡片寻找到这个偏僻的角落,那些没有捡到卡片的客人,也觉得非常好奇,纷纷聚集到了华若德克的摊位前面。这为华若德克带来了非常多的生意和机会。这也是发散思维的奥妙,将一个特殊的点进行发散,给它新的定义,然后来吸引他人。

只做关于风的生意

松下公司是日本实力强大的一家电器公司,它在不断发展的过程中曾

经与日本的一家电器制造厂合资,并且创建了大谷精品电器公司。大谷精品公司专门生产电风扇,总经理就是非常有名的西田千秋。

这家公司的产品一直都非常单一,主要是做电风扇,即使到了后来经过开发也只是增加了排风扇。所以西田千秋上任之后就打算开发新的产品,于是他去咨询当时作为顾问的松下的意见。但是松下希望自己的附属公司尽量地专业化,在一个专业点上进行突破,所以就对兴致勃勃的西田千秋说:"这家公司只做风的生意。"之后,不管西田千秋如何解释现在公司已经发展成熟可以有新的突破,松下都不肯同意。

开始的时候西田是有一些失落,但是很快他开始利用自己的发散思维思考起来,于是他再次确认地问松下:"只要是与风相关的产品就可以做吗?"

松下一时没有仔细思考就回答说:"对,没问题。"

一晃5年的时间过去了,松下再次来到这家公司进行视察,他发现工厂里正在生产一种暖风机,于是他问西田:"这是电风扇吗?"

西田轻松地回答了他的问题,松下听后不但没有生气,反而高兴地赞赏了他。这家公司也在西田千秋的努力之下成为了松下产业附属公司中的佼佼者,生产的产品更是包括了电风扇、排风扇、暖风机、鼓风机、换气扇等等。

你知道西田是怎样回答松下的吗?

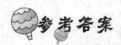

参考答案

原来西田回答说:"不是,但是它是和风相关的。只不过这个是暖风,您说过只要是风的生意都可以做,不是吗?"松下一句"只做风的生意"看起来似乎封死了西田想要生产新项目的想法,但是却被西田利用发散思维将风发散成种种不同的形式,生产出许许多多的新型产品。

老板之死

"啊……"大厦里传来一声尖叫,"老板死了,老板被杀了!"

警察闻讯赶到。"死亡的人是你的老板松井,第一个发现遗体的是你秘书,雨宫小姐,没错吧?"木村警长问道。

雨宫小姐点了点头,脸上的表情很恐慌。

松井的遗体伏在桌上,左太阳穴中弹,血流了一地,左胳膊无力地下垂,手上还戴着手套,手套上有火药痕迹,不远的地上有一把手枪,弹道与子弹符合。在枪的扳机上有一点点儿透明胶粘过的痕迹,死者还吃了安眠药。

"这个手套是每个公司员工都戴的吗?"木村问。

"是的,老板要求我们的,他也一直是戴着的。"秘书答道。

经过化验,死亡的时间是清晨4点左右,雨宫小姐是在早上7点半员工上班时察觉到了他的遗体,她的老板每天晚上都在公司加班,另外晚上10点吃安眠药睡觉。

"那么,你在4点左右的时间听到枪声了吗?"木村问公司门口执勤的保安。

"没有啊,那个时候火车在经过所以很吵,不知是不是当时开枪的。但我可以证明,从昨天下午7点员工下班到本日上班为止,没有人出入过。"保安答道。

遗体被搬走了,木村勘察了办公室的摆设,这是一间装饰极其豪华的办公室,空调、电脑、扫描仪、喷墨打印机、数码相机、电视和沙发。另外,打印机等一些昂贵的东西,让人费解。

经过检查,有3个嫌疑人:职员小五郎、打字员藤井、职员亚信。其中,职员小五郎因为嗜好与死者(就是老板)赌博,差一点儿就输光了产业,有杀人的动机。打字员藤井,把一次重要会议的讲演稿打错了字,使老板(就是死者)出丑,死者连降他二级,他是家里唯一的经济支柱,现在勉强度日,对死者极为愤恨。职员亚信,原来是死者的竞争者,结果因无钱而关闭了自己的公司,迫于生活进入现公司,更对死者抱有极大愤恨。

木村警长的眼睛一亮,仿佛是想到了什么,便来到了死者的办公室,检查了某样东西。

"凶手便是你!"木村的手指向了他们3人中的一个!

凶手是谁,凶手用什么杀害了他的上司呢?

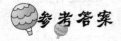参考答案

凶手是打字员。

玄机在打印机上,凶手把打印机连到电脑上,接上电源,用一根线一头系在打印机的墨盒上,另一头用透明胶粘在手枪的扳机上,把枪卡在左桌沿上,使线处于紧绷状态。在电脑里设定自动开机和关机时间,电脑启动时,打印机把线拉断从而扣动扳机。

如何保护杰弗逊纪念馆

美国华盛顿广场上最有名的建筑就是杰弗逊纪念馆了,这个历史悠久的纪念馆在吸引了众多人的参观之时,也面对着非常多的烦恼。由于修建的时间过长,纪念馆的表面已经斑驳不堪,有些地方甚至都已经开裂。政府因此十分担忧,派了很多调查员前来调查原因。

调查结果很快就出来了,原来是因为纪念馆每天都需要被冲洗,而冲洗墙壁的水里面添加了大量的清洁剂,这些清洁剂大多是酸性的,所以这种清洗方式就类似使纪念馆受到酸雨的腐蚀一般。

那停止冲洗就可以了吧? 不可以,因为如果不利用清洁剂冲洗的话,纪念馆的墙壁上就会被大量的鸟屎覆盖,这些鸟屎大多都是来自于燕子。

于是调查员们开始顺着这个问题问了下去:

为什么纪念馆会有这么多的燕子呢? 因为纪念馆的墙壁上有非常多燕子喜欢吃的蜘蛛。

为什么墙壁上蜘蛛很多? 因为墙壁上有蜘蛛最爱的食物飞虫。

为什么飞虫那么多? 因为这里的灰尘特别适合飞虫的繁殖。

为什么这里的灰尘才适合飞虫繁殖呢? 因为这里的窗子很大,阳光常年从这里照射下来,非常充足,飞虫们非常喜欢,所以就都聚集在了这里。

于是,问题的最根本原因被找到了,那么如何去解决呢? 现在有人提出了五种方法,分别是禁用清洁剂、驱逐燕子、消灭蜘蛛、消灭飞虫还有拉上窗帘。你会选择哪一种呢?

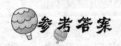

参考答案

相信你肯定也猜到了,解决问题最简单最节约成本的方式就是将窗帘拉上。为什么一个困扰了政府这么久的问题这么简单就解决了呢? 这全都是发散思维的功劳。正是因为调查员们懂得在调查的过程中进行本原发散,不停留在调查的表面上,而是不断地追问寻找造成这种伤害的最根本的原因。如果发散思维在中途的任何一个追问上停了下来,没有进一步发散,我们就只能选择前面几种方法中的一种。但是一直发散思维到最根本的地方,不但保护了杰弗逊纪念馆,还节省了大批的经费。这就是发散思维的神奇,你学会了吗?

神奇的曲别针

大家看这个故事之前,可以先自己思考一下,曲别针究竟可以做些什么? 如果你想到的作用只有几种或者十几种的话,那么我只好告诉你这还远远不够,你还没有找到发散思维的精髓。不信的话,就随我一起看看故事中曲别针的用处吧。

在日本一次关于创造力开发的研讨会上,有一个叫村上幸雄的人站了起来,他从自己的上衣口袋里拿出了一把曲别针,对研讨会的成员说道:"请大家都动一动脑,开发自己的创造力,打破原有的框架,看看谁能够说出这个曲别针的多种用途,说的越多越奇特越好。"

这个问题一出来就引起了大家的兴趣,几乎所有的代表都纷纷举手回答:

"可以用来别相片,别讲义和稿件。"

"可以用曲别针固定自己脱落的纽扣。"

"……"

大家七嘴八舌的,不一会就已经有了十多种曲别针的用途,但是眼看着讨论也就到此结束了,再也没有什么新奇的想法从大家嘴里说出来了。这时候大家注意到了村上幸雄一副胸有成竹的样子,就问道:"村上先生,您能够说出多少种用途呢?"

村上伸出3根手指。

"30种?"村上摇头。"那是300种?"村上点头。

看着有些人明显有些怀疑的样子,村上轻轻松松地点开自己早已经准备好的幻灯片,将300种用途完完整整地演示给了大家。正当大家佩服不已的时候,一位参与会议的中国人站了起来说:"曲别针的用途,我可以说3000种,甚至30 000种。"

大家都纷纷表示不信。于是,这位中国人走上讲台,拿起一只粉笔写上"村上幸雄曲别针的用途求解。"人们都注意了过来,不一会儿,脸上就露出了笑容,响起了经久不息的掌声。

你知道他是怎么想到30 000种用途的吗? 如果是你的话,最多能够想到多少种曲别针的用途呢?

只见这个中国人对大家说:"曲别针的用途可以用四个字概括,就是钩、挂、别、连。而曲别针的总体信息却可以分成重量,体积、长度、弹性、颜色等多个元素。将这些元素联系在一起,不断切换组合,不要说30 000种,这曲别针的用途简直可以称之为无穷。"在他列举的例子中,甚至包括将曲别针做成阿拉伯数字和四则运算符号来进行运算,还有串联起来导电,与其他物质反应生成物质等等。利用发散思维,如果想要说下去真的是源源不断的。现在大家也来动用发散思维,看看自己身边的小东西是不是能够发挥更多的用处呢?

哪个天平最准确

在一个英国的小村庄里,有一位农民和一个面包师是邻居,为了方便,面包师一直从农民那里购买制作面包需要的黄油,同样地,农民就从面包师那里购买面包。因为彼此是邻居,所以两个人都不好意思当面称一下面包或者黄油的重量,交易的时候都直接按照对方说的斤数付钱。

但是,面包师是个比较细心的人,当面虽然没有称量,买回来之后,他就要在自己的天平上亲自称量一下黄油的重量。开始的时候吧,他觉得农民给他的黄油是很够分量的,但是渐渐地,他发现黄油似乎越来越少了。他心里觉得很不舒服,自己相当于多付给了农民很多钱。但是因为是邻居,又不好意思当面和农民说,所以一直隐忍着。

终于有一天,面包师下定了决心,在购买的时候很委婉地和农民说明了这个问题。谁知道农民听了之后也很生气,还发誓自己卖给他的黄油绝对是分量足够的。面包师和他理论了起来,越说越生气,最后只好不欢而散。回了家的面包师还是觉得生气,就一纸讼状将农民告上了当地的法庭。

法官当然立刻就开始审理这个案子了。他问农民:"你每次卖黄油的时候都确定称准分量了吗?"

"当然了,我有一家世界上最准确的天平。"农民骄傲地说。

"天平?那倒是很准确。那么你有核准的砝码吗?"法官再次问。

"没有,我根本就不需要砝码。"

法官觉得奇怪就问:"既然没有砝码,你有什么理由说明自己的天平是准的,而面包师的不是呢?"

于是农民一五一十地将自己称量的方法说了出来,法官听完之后立刻宣判农民没有罪。可怜的面包师只好承担了这次诉讼的全部费用。

你知道农民说了什么让法官相信他的天平才是准的吗?

参考答案

农民告诉法官,自己每次从面包师那里买来面包后,就放到自己的天平的一边代替砝码,然后再在另一边放上刚好相等的面粉和黄油。所以,如果自己这个天平不准确的话,那么也是因为面包师首先缺斤少两。农民早就发现面包师少给分量,但是却默不作声,而是绕了一个圈子,用这种方式来达到公平的交易。法官一听自然就明白了,而面包师听到这个答案也无话可说了。

56 美元买一辆福特的创意

美国的福特公司是整个美国最早也是最大的汽车公司,但是就是这样一家公司,当它在 1956 年生产了一款新的汽车时,推广也遭遇了很大的困难。这款新车从款式到功能都非常好,但就是销量一般,不管公司采用了多么多的宣传,购买量一直都上不去。

公司的经理们非常焦急,这和开始的预想太不相同了。就在大家完全想不出办法的时候,一个在福特公司见习的大学毕业生对这款汽车的销售产生了兴趣,这个人就是艾柯卡。他其实只是福特公司的一名见习工程师,跟销售完全无关,但是他看到这么多经理为这款车的销售急得团团转,就开始思考起如何销售这款车的问题来了。

终于有一天,艾柯卡想到了一个非常好的创意。于是他来到了经理的办公室,向他说明了这个创意,这就是"56 美元钱买一辆 56 型福特汽车"。经理采纳了他的建议,不久这条短小的广告通过报纸散发到了人群之中。短短 3 个月的时间,这款汽车的销量就从原来的末尾一下子蹿到了第一。艾柯卡也受到了经理的赏识,得到了升职。

这款 56 型福特汽车真的只需要 56 美元吗?你知道这其中的玄妙吗?

 参考答案

原来"56 美元买一辆 56 型福特汽车"只是一句广告语。艾柯卡想到的创意是,如果有人想要购买这款 1956 年生产的福特汽车,只需要先付全额的 20%,剩下的部分可以分期付款,每月付款 56 元。这就是方法上的发散。销售方法不仅仅只有一种,分期付款的形式加上 56 这个关键的数字,在报纸上非常醒目。而且大家潜意识里就会认为每个月才需要 56 元钱,真的是太合算了。于是很多人的疑虑都被打消了,销量自然就上去了。有时候我们需

要利用发散思维来思考我们做事的方法，也许处理的方法只是一点点儿巧妙的改变，就可以创造一个奇迹。

放牛与开拓市场

发散思维说起来最重要的一点，还是从看似无关的事物中，寻找到相关联系的地方，而索尼公司的卯木肇正是这样一位擅长发散思维的精英。现在大家都知道索尼公司生产的彩电在世界各地都占有很大的市场。但是在20世纪的时候，索尼公司的彩电还仅仅是在日本地区小有名气，在美国却根本不被顾客接受。

索尼公司正在发展之中，所以是不可能放弃美国这片市场的，所以他们将卯木肇派往芝加哥进行销售管理。当卯木肇来到芝加哥的时候，他简直不敢相信自己的眼睛，整整一排的索尼彩电在美国当地的寄卖商店里落满了灰尘，无人问津。

为了改变这种状况，卯木肇开始寻找办法，但是却始终找不到。一天，他开着自己的车到郊外散心，在回来的路上，他看见一个牧童正将一头公牛赶进牛栏。公牛脖子上的铃铛丁当作响，在它的身后一群牛温顺地跟着，逐个进入牛栏。看到这个景象的卯木肇突然觉得一直困扰自己的问题终于可以解决了。

他感到非常高兴。第二天马上就找到了当时芝加哥最大的电器零售商马歇尔公司。他几次登门都被拒绝，但是他却一直没有放弃。同时，他取消了索尼彩电的降价策略，开始在报纸上大面积刊登索尼彩电的广告，塑造索尼的形象。他的一系列努力终于感动了马歇尔公司的经理，答应引进索尼彩电的销售。随后，索尼彩电在短短的一个月时间里卖出了整整 700 台，索尼公司和马歇尔都获得了巨大的利益。此后，索尼彩电更是一发而不可收，在美国的彩电市场上占据了自己的一席之地。

可是，这和放牛究竟有什么关系呢？为什么卯木肇要选定马歇尔公司呢？

心惊肉跳的推理

因为卯木肇非常擅长从无关的事物中找到关联,他看到一个小小的牧童竟然可以管住一大群的牛,完全是那只挂着铃铛的带头牛的原因。所以,他马上想到,想要让索尼彩电畅销,先就需要芝加哥最大的电器零售商来首先销售索尼彩电,这样其他零售商自然就会跟着马歇尔公司纷纷销售索尼彩电。这样一来,问题就迎刃而解了。

最令人佩服的市长

央视有一个访谈节目非常有名,这一次他们邀请到了杭州的市长。杭州在这两年的建设中取得了巨大的成功,尤其是它的美丽景色更是吸引了无数人前往。于是,在访谈进行到最后的时候,主持人问了市长一个问题:"杭州的景色很美,不知道在市长您的心中,在历任的市长之中,您最佩服的是哪一个呢?"

这看起来是一个非常简单的问题,但是回答起来是十分困难的。因为不管回答的是哪一个,剩下的几个前任市长就会觉得心理不平衡。就连主持人问过之后,也觉得自己的这个问题有些敏感,但是已经出口了又无法挽回,只能期待现任的杭州市长可以巧妙地回避掉这个问题。

但是没有想到,这个市长只是稍稍思考了一下,就淡定地正面回答了这个问题。话音刚落,就赢得了全场的掌声。连主持人也不得不认为这个答案是最无懈可击的。

那么,你知道这个无懈可击的答案是什么吗?

市长给出的回答是:"我最佩服的前任市长有两位,一个是唐代的白居

易，一个是宋代的苏东坡。他们两个一前一后，为我们整个杭州的美丽建造了白堤和苏堤，还为我们留下了无数的诗篇，千百年来一直宣传着杭州的美丽。"市长的巧妙之处在于他利用自己的发散思维，打破常规，不局限在现代的几个市长，而是回避了敏感的部分，说起了古代的两位名人。他们两个一个是杭州刺史，一个是杭州知州，说起来也相当于今日的市长，所做的贡献也是值得所有人佩服的。所以这个回答滴水不漏又恰到好处，充满了发散思维的智慧。

一张方块 Q

一个小有名气的占卜师被警察发现死在了自己的单身公寓里，他的背后插着一把匕首，用来占卜的扑克牌撒了一地，看起来应该是刚好在占卜的时候被突然袭击的。但是调查的警察却发现一件非常奇怪的事情，那就是一张方块 Q 被占卜师紧紧地攥在手中。为什么刚好是方块 Q 呢，难道这个占卜师在临死之前希望留下这张牌来告诉人们究竟是谁杀害了自己吗？警官陷进了沉思。

带着这个疑问，警官开始侦查各个细节，包括和占卜师来往的人。经过严密的排查，警察发现有 3 个人没有不在场证据，很有嫌疑。这 3 个人分别是职业棒球手，宠物医院的院长和歌剧演员。就在大家认为警官会深入调查的时候，警官却轻松地指出了宠物医院院长就是本案的凶手。

你知道警官是依据什么断定凶手是宠物医院院长的吗？

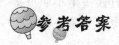参考答案

原来在这 3 个嫌疑人之中，除了宠物医院的院长是一位女性外，其余两人都是男子。而警官根据自己的发散思维，成功地捕捉到其实占卜师是希望通过方块 Q 来暗示凶手是女性。这样的话，显而易见就可以知道真凶是谁了。这就是发散思维在一些研究推理工作中起到的创造性作用。我们在

分析事物的是时候也要经常锻炼自己的发散思维,取得问题的正解。

只改变一点点儿

很多时候,发散思维不仅仅是将不同的事物联系在一起,更是只要敢在自己已经熟悉的事物上做出一点点儿的改变,就可以获得巨大的效果。

日本有一家专门生产瓶装味精的公司,因为味精的质量很好,瓶装的设计也非常贴心,在每个瓶子的内盖上面有 4 个小孔。使用的时候只要轻轻甩几下就可以了。但是在开始的销售高峰过去之后,这款味精的销量却进入了一个停滞期,整整两个月不见增长。

经理马上召开了会议寻找解决办法,后来还是一位家庭主妇给公司提供了一个简单可行的意见,就是在瓶子的内盖上多钻一个孔,人们是不会注意是 4 个孔还是 5 个孔的,但是却是会在无形中甩出多 25% 的味精,自然也就可以将销量提升同样的百分比。

非常相似的一个故事是有一个牙膏公司也遇见了销售瓶颈,他们最终采用的办法有异曲同工之妙,就是将牙膏的口径扩大 1 毫米,这样不知不觉就会多挤掉很多的牙膏,销量同样得到了增长。

现在大家可以利用这种改变一点点儿的发散思维来思考一下接下来的故事:

日本的东芝电气公司曾经积压了一批电风扇,为了打开销路,他们召开了很多的会议。当时,东芝公司在全世界生产销售的电风扇都是黑色的,质量非常好,可是就是无法寻找到增加销量的突破口。这时候一个小职员提出了一个方法,果真引起了大家的抢购。你知道他提出的办法是什么吗?

参考答案

从发散思维的角度出发,大家可以想到改变一点点儿,重点是改变那些容易的,可行的,成本不高的。所以这个小职员聪明地提出了改变电风扇的

颜色。东芝公司的董事长采纳了这个意见，并且很快推出了一批浅蓝色的电风扇，这款电风扇一面世就因为外形的美观和清爽受到了顾客们的欢迎，几个月的时间就创造了几十万台的销量。只是改变一点点儿，往往能够为自己赚取一片更大的天地。努力学习使用这种发散思维，会为我们在人生路上赢得更多的资本。

凶器到底是什么

　　一个叫梦娜的女子刚刚被自己的男朋友甩了，因为对方喜欢上了一个外国女子，并已经决定跟随那个女子到国外去。梦娜越想越不甘心，但是她还是掩饰着自己的愤恨，装作很善解人意的样子对自己的前男友说："听说你很快就要出国了，祝贺你。"

　　"你不恨我吗？"男子很奇怪地问。

　　"过去有点儿，但是现在不了，恨一个人太累了。而且你都要做新郎了，我们还没有好好地分手，不如到我们家去好好地吃一顿晚餐怎么样？"

　　前男友看到梦娜如此善解人意，加上心怀愧疚，想也不想就答应了。

　　晚餐之前，梦娜洗了几个苹果削给前男友吃，同时用同一把刀削了一个苹果给自己吃。苹果还没有吃完，前男友就突然肚子剧痛不止，倒在梦娜的身边死掉了。梦娜随后报了案，探长赶赴现场之后，经过法医鉴定得知前男友是中毒身亡，但是苹果经过化验确实没有毒，案子到此也就进入了困境。探长已经在心中认定梦娜就是凶手，但是苦于找不到凶器而不能将其逮捕。

　　最后探长积极动用自己的发散思维，不再仅仅把食物放入思考的范围，而是发散性地开始考虑餐具。突然，他请法医化验了那把刀，果然不出所料，那把用来削苹果的刀一面是无毒的一面是有毒的。探长也因此抓获了梦娜。

　　比较相似的一个案子也发生在了一间公共浴室里，一个女子张大嘴巴死在浴场里，经检验是被人勒死的。但是现场除了一些洗发露和香皂之外，并没有任何可以勒死人的凶器。而报案者是死者的朋友，一同在此沐浴，案发之后出来报警的她也是全身裸着,有浴室经理可以作证,不存在携带凶器的嫌疑。

同样,这个探长沉思了一会儿就马上认定了凶器和凶手。你知道他是如何办到的吗,凶器究竟是什么呢?

参考答案

按照上面故事的思路我们不难想到凶器往往可能是意想不到的物体,探长注意到报案的女子是一头长发,显然这头长发可以将死者不知不觉地勒死。果然经过检查和审讯,凶手很快招供了。发散思维在于我们考虑事物的时候不能单单考虑它常规的用法和用途,而是要发散性地去思考各种可能性,从这些可能性中推敲出真相,你学会了吗?

一碗救命的水

有一个年轻的波斯王子在指挥军队与阿拉伯帝国作战的时候不幸被俘虏了。士兵们把他押送到国王的面前,因为战争还在继续,国王对波斯帝国十分生气,所以立即下令将这个波斯王子杀掉。

年轻的波斯王子立即装成一副非常可怜的样子说:"尊敬的国王陛下,我一路被押着过来,现在非常口渴。如果您能赏赐给我喝一些水,我就算死也没有遗憾了。"国王觉得这个要求一点儿都不过分,就点了点头让身边的士兵取了一碗水递给波斯王子。但是,年轻的王子接过水之后却并没有喝,反而左顾右盼起来。

"已经给了你水了,为什么你还不喝?"士兵严厉地问道。

王子装作非常害怕地跪倒在地上说:"我是在担心没有等到我把这碗水喝完,你们就会直接把我杀死了。"

国王看到波斯王子胆小的样子哈哈大笑起来:"要知道我可是一国之主,自然是说一不二的,你放心地喝吧。在你喝完这碗水之前,我是绝对不会杀掉你的。"

王子听了高兴极了,因为他知道自己得救了,于是他做了一个动作让国王不得不放过了他。

你知道波斯王子做了什么动作吗?

 **参考答案**

波斯王子得到了国王的保证之后,就立即将手里的一碗水全部洒在了地上,然后对着惊讶的国王说道:"尊敬的国王,我没有喝过这碗水,现在它全都洒了,我无法再喝掉这碗水了,您既然说一不二,那么就请您按照您说的做吧。"国王无奈之下只好放了王子。这个故事中,王子非常聪明的地方在于他并没有直接向国王请求放过自己的性命,而是灵活地想了另外一个办法,要求喝水,并且成功骗到国王许诺自己喝完水之前不可以杀掉自己。这个不杀虽然是迂回得到的,但也是波斯王子的智慧的成果。

租房的孩子

有一家三口因为工作原因想要搬到城里去住,于是他们开始四处寻找房子。但是,夫妻两个带着5岁的孩子跑了整整一天,傍晚的时候才看到一条招租启事,于是他们赶忙前往询问。

长相温和的房东听到敲门声出来后,开始上下打量一家三口人,看起来有点儿不愿意的样子。

丈夫只能先开口询问:"请问,您的房屋是要出租吗?"

"对不起,我们公寓不租给有孩子的住户。"房东不无遗憾地说。

夫妻两人听了,只能默默走开了。但是他们那个只有5岁的孩子却觉得奇怪,既然有房子,为什么不能租给我们呢? 他悄悄松开父母的手,返回到房东的门前,轻轻地按了按门铃。夫妻两人和刚刚出来的房东都奇怪地望着这个5岁的孩子,只见孩子大大方方地说了一句话,房东随即哈哈大笑起

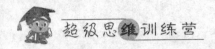

来,同意将房子租给一家三口。

你知道这个 5 岁的小孩子说了怎样的一句话说服了房东吗?

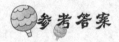

这个 5 岁的小孩子说:"老爷爷,这个房子可以租给我吗? 我没有孩子,我只有两个大人。"按照正常的思维来说,想要得到这个房子的租用权似乎必须从孩子身上下工夫,或者苦苦哀求或者说明自己的孩子听话懂事。但是这个 5 岁的孩子,他也许不懂得发散思维,但他正在使用发散思维,他没有那么多大人的常规思维,所以他本身的想法就是发散的。既然不能租给带孩子的大人,那么租给带大人的孩子就好了。于是,一个看似不好解决的问题就这样简单地解决了。

送火的麻雀

唐朝有一个很有名的将军叫薛礼,有一次,他带兵攻打一个叫做兖州的地方。兖州城的守军粮草非常充足,而且所在的地理位置又很好,所以抵抗得十分顽强,薛礼攻打了好多次都没能将他们打败。由于他是带兵出征,当时又是冬季,自己的军队保暖和粮草都是问题,所以这场仗如果拖下去的话,可想而知,结果对薛礼是十分不利的。

正在薛礼为这件事情感到烦恼的时候,他手下的一个谋士前来见他,说道:"将军,我们这样强攻是没有什么效果的,我有一计叫'麻雀送火',一定能够打他们一个措手不及。"

说着将自己的计策详细地悄悄告诉了薛礼。薛礼听后非常高兴,觉得这个计策一定能够成功,于是马上传令下去让士兵们全体出动捉来大量的麻雀。并按照谋士说的将这些麻雀通通关到笼子里饿着。又派另外一批士兵准备大量的火药和硫磺。同时让士兵们将自己的草垛都烧掉。

几天之后下了一夜的雪,早晨的时候刮起了大风。薛礼一看大喜,急忙命令士兵们将火药和硫磺掺杂后装到准备好的小纸袋里,并把这些小纸袋用绳子系在每只麻雀的爪子上,然后将这些麻雀都放了出去。

一夜大雪,整个大地都被白雪覆盖,麻雀饿了几天都开始寻找食物,但是薛礼的草垛早就已经没有了。于是这些饥饿的麻雀纷纷飞向了兖州城,寻找草垛上的草籽。因为已经饿了几天,所以它们见到草垛就用爪子拼命地刨着草垛以寻找食物。这样一来,那些一早准备好的小纸袋就掉到了整个城里四处的草垛之上了。

你知道到了这里之后薛礼又做了什么了,他最后是怎样取得胜利的呢?

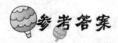
参考答案

相信你一定猜到薛礼是利用麻雀点燃了城里的草垛,但是火种在哪里呢,只有硫磺和火药是不会自动燃烧的啊。原来薛礼在这些麻雀放出去不久之后,又派士兵们将爪子上绑了点燃的香头的第二批麻雀放了出去,第二批麻雀也和第一批麻雀一样采取了同样的行动。这样的话这些香火就点燃了硫磺和火药,整个兖州城的草垛突然间都燃起了大火。薛礼抓住这个时机,进行了最为猛烈的进攻,一举就获得了成功。小小的麻雀瞬间就扭转了战局,你想到了吗?

神秘消失的邮票

在美国纽约的邮票拍卖市场,展出了 1847 年英国殖民地毛里求斯岛上发行的一枚邮票。这枚邮票不但距今已经有整整 160 多年的历史,而且由于毛里求斯岛十分小,根本连一个印刷厂都没有,这枚邮票是一个钟表匠用案板印刷制作的,而且上面的邮资已付被印错成了邮局。这种邮票在世界上十分稀少,只有 26 枚,所以是珍品中的珍品,刚刚展出就引起了人们的争相竞价。

最后日本邮票收藏家竹田秀夫以 15 万美元的高价拍下了这枚邮票。他

 心惊肉跳的推理

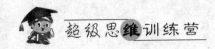

急于早早回家欣赏这枚珍品邮票,因此悄悄地离开了拍卖场。但是却没想到在停车场的时候被人从背部偷袭,失去了知觉。

醒来之后竹田秀夫才发现自己已经被绑好关在一个陌生的汽车库了,身边围着3个长相凶恶的人。他观察一下周围后,确定他们绑架自己的目的是为了抢劫自己那枚贵重邮票。还好自己早有提防,他心里暗暗松了口气。

果然,强盗的头目用枪对着竹田秀夫说道:"想要活命的话,就将那张邮票乖乖地交出来。"

"我不知道你说的是哪张邮票。"竹田秀夫反驳道。

"别装傻了,我们可是一直盯着你的。"

"那你们也一定知道我哪里也没有去过,你们认为邮票在我身上就自己搜吧。"

话音刚落,另外两个男子就开始对竹田秀夫搜身,将他随身携带的东西全都翻出来,也不过是旅行支票,300美元现金和汽车钥匙,还有一张从日本寄过来的明信片。

"是这张明信片上贴着的邮票吗?"其中一个问强盗头目。

头目只是瞥了一眼就摇摇头说:"不是,这个是日本最普通的邮票,虽然尺寸大,但是连一美元也不值。"

"但是没有其他邮票了。会不会是这家伙把邮票藏在拍卖行的寄存箱里了?"

"也不会,他哪里也没有去过就到停车场了。你们把他全身剥光了搜,肯定是藏在衣服或者鞋里了。"

于是强盗们削光了竹田秀夫的衣服,甚至用小刀将他的衣服和内衣都一点点儿划开,也没有找到那张价值15万美元的邮票。强盗们虽然很生气,但是他们只抢东西不杀人,所以将竹田秀夫打晕,拿着那300美元现金愤愤地离开了。

你知道竹田秀夫究竟把邮票藏在哪里了吗?

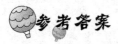

竹田秀夫确实没有去过其他地方,也没有藏邮票的机会,但是他非常聪明,利用自己的发散思维很快明白最危险的地方就是最安全的地方。所以将那枚邮票藏在了那个不起眼的日本普通邮票的下面。因为都是邮票,肯定会受到重视,但是明眼人都能看出来,那只是一张普通的纪念邮票,也就会自动忽略了,真正的邮票也就安全了。

已经发黄的字据

北宋的时候,四川江知县接到一起田地诉讼案。原告小张是一个普通的收赋税的小吏,他状告自己的邻居小王无故霸占自家良田20亩。

被告小王申辩道:"大人明鉴,根本没有这样的事情。这20亩良田是我的爷爷留下来的。去年,小张来我家收税,但是我当时根本交不出赋税。这时小张提议说,如果我将自己家的田产划归到他的名下,就可以不交赋税了。当时我只能同意了,所以在字据上写着我的田产划归给他,但是实际上这20亩地依然是我的。"

小张听到对方反驳赶忙说:"大人,他说谎,10年前,王家遇见急事,所以主动将20亩地卖给了我,我这里有字据作证。"

小张边说边呈上证据给知县,知县大人仔细观察发现,这张叠起来的字据是使用白宣纸写的,纸张已经完全发黄,边缘也磨损很多,一看就是年代久远。江知县反复将字据叠起展开,突然,灵光一闪,大声说道:"大胆小张,竟敢伪造字据,诬告小王,还不从实招来!"

江知县究竟从这张发黄的字据上发现了什么,从而认定小张是在说谎呢?

参考答案

原来，江知县发现这张字据整个都是发黄的，但是由于字据是折叠起来存放的，所以被折叠起来的里面应该相对白一些才对，而现在这样均匀的黄色肯定就是有人故意为之。既然字据是假的，显然小张的整个供词都是假的，所以江知县才马上断定了此案的真假。

看花选择爱人

一个靠卖唱为生的美少年阿尔芒，在英国卖唱游荡的时候遇见了当地的第一美人玛格丽特，他一下子就被对方的美貌深深迷住了。自从那之后，阿尔芒天天到玛格丽特的窗户下弹唱情歌，倾诉自己的爱慕之情，终于也赢得了玛格丽特的爱情。就在二人即将有情人终成眷属的时候，玛格丽特的父亲却坚决不同意这桩门不当户不对的婚姻。

但是玛格丽特却已经非阿尔芒不嫁，不得已之下，她的父亲终于答应出一道难题考验阿尔芒，如果答对了就将女儿嫁给他。

于是玛格丽特的父亲找来两个身材和自己女儿几乎一模一样的邻家少女，然后将她们两个和玛格丽特一样用纱巾整个蒙住全身，站在纱帘后面。这样，任谁也很难分辨出谁是谁了。3个少女每个人只能伸出一只手，拿着一朵鲜花。而阿尔芒要从中选出哪个才是真正的玛格丽特，才可以结婚。

玛格丽特无法和阿尔芒打招呼，正在她愁眉不展的时候，她突然发现另外两个少女选择了玫瑰花和月季花，于是一个计策出现在她脑海里。她选择了一朵郁金香。果然，阿尔芒看见3个少女手中的花之后，就说："我已经认出来了，手拿郁金香的才是您的女儿，我的爱人玛格丽特。"

玛格丽特的父亲无话可说，只好将自己的女儿嫁给他了。

你知道阿尔芒是怎么分辨出来的吗，他是如何看透玛格丽特的小计策的呢？

 **参考答案**

原来，玛格丽特之所以选择郁金香，是为了告诉阿尔芒，自己爱他，所以不会伤害他。玫瑰和月季都有刺，但是郁金香却不会伤手，就如同玛格丽特对阿尔芒的爱。这又是一种发散思维，不能只考虑花的种类，而是要发散性地思考花与花的不同，花与人的相同，这样在不同和相同之中进行选择就简单得多了。小小的一朵花，却可以指引他找到挚爱的未婚妻，这就是发散思维的奇妙，看到这里，大家也一定学会了很多吧?

到底是谁偷走了喇叭

一个周六的晚上，一个盗贼砸碎了乐器行的玻璃进入店内，撬开 3 个钱箱，盗走 1225 美元，又从陈列柜里拿走了一支价值 14 000 美元的喇叭。店主报案之后，警察马上对现场进行了仔细的勘查。探长确定盗贼一定是对乐器行非常熟悉的人，因此将 3 个年轻学徒找来询问。

3 个少年被同时带到探长面前，探长没有审问他们，而是发给一脸疑惑的他们每人一份纸笔。然后亲切地对他们说:"今天请你们来，主要是想要你们配合我们找到罪犯。现在你们每个人都先写一篇小短文，假设自己就是那个盗贼，然后设法进入乐器行偷些东西。30 分钟之后我再来收卷。"说完转身离开了。

半个小时之后，探长重新回来，让 3 个学徒一一朗读自己的短文。

汉森第一个读道:"星期六早晨，我对乐器行进行了仔细的勘查，决定从后院入手。到晚上的时候，我趁人不注意打碎了一扇边门的窗户，然后爬了进去。我先找钱，然后还顺手拿了一个很值钱的喇叭，才悄悄溜出了乐器行。"

轮到第二个莱格的时候，他读道:"我先用金刚石刀在窗户上挖了个大洞，这样别人就不知道是我干的。然后我进入乐器行，但是我不会去撬开 3

个钱箱，因为那样会发出声音。我会把一个值钱的喇叭装进盒子里，藏到自己的大衣下面离开，这样人们就不会看到。"

最后一个学徒海格说："深夜的时候，我在暗处撬开乐器行的边门，戴着手套偷走钱箱里面的钱和橱窗里的喇叭。我要好好花掉这笔钱，等风声过去之后，再把那个喇叭卖掉。"

探长听完之后，立即指着其中一个说："你就是那个盗贼，告诉我你为什么要这么做？"

你知道他们3个里边谁是盗贼吗，探长是怎么识破他的？

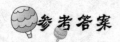

参考答案

莱格正是那个盗贼。探长并没有直接审讯他们，而是利用发散思维想了一个小办法，让他们自己在短文里露出马脚。大家应该注意到，莱格的短文里通通避开了真正的盗贼做的方法，因为他知道盗贼是怎么偷盗的，所以故意用相反的来说。但是越是这样，越是暴露了自己。发散思维的好处就是我们在解决问题的时候不必一定依靠自己去找到证据，倒是可以不费力气让别人主动暴露出来。从多个角度思考问题，我们思维的天空就会更加广阔，我们也会变得越来越聪明。

金库中的信封

一天，一个年轻的女子慕名前来拜访著名的福尔摩斯。她把困扰自己的事情告诉给福尔摩斯说："我有一个伯父，将自己大约10万元的财产换成了宝石和现金，保存在了银行的金库里面。因为他一直都是独身一人，所以他把钥匙留给了我，并立下遗嘱死后遗产将留给我继承。上个月的时候，伯父病故了，我到银行去领取遗产，却发现金库里面只是放着一个信封。"

说着，女子从手提包里取出了放在金库里的那个信封。

福尔摩斯接过信封仔细观察了一下，这是一个随处可见的信封，上面贴着两枚陈旧的邮票,信封上面并没有写明收信人的姓名和地址。看起来没有任何吸引人的地方。于是福尔摩斯起身走到窗前的明亮处对着阳光仔细照看,仍然是什么都没有发现。他想了一会儿问道:"请问你伯父生前有什么特别喜欢的东西,或者他的性格古怪吗?"

"我也不是很清楚,因为伯父一直是孤身一人。但是我记得他很喜欢读推理小说。"女子回答说。

福尔摩斯眼前一亮,笑着说:"原来是这样,你不用担心,你伯父的遗产安然无恙。"

你知道这价值 10 万元的遗产在哪里吗?

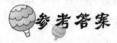

参考答案

其实价值 10 万元的遗产正是那两枚看起来非常陈旧的邮票。伯父生前很喜欢侦探小说,所以才采用了这样的方式。福尔摩斯根据对方喜欢侦探小说这一点发散地思考,不再将遗产局限在金钱和珠宝,而是发散到一切具有价值的事物上去,很快就想明白真正价值 10 万元的是那两枚邮票。

黄狗与破案

唐代著名的诗人王之涣曾经在文安县做过县令,那时候,有一个 30 多岁的民妇到县衙哭诉,说自己公婆去世得早,丈夫又因为经商常年在外,家中只剩下自己和小姑相依为命。但是,昨晚,自己去邻居家帮忙的时候,小姑留在家中缝补,不多时竟然听见小姑呼喊救命,赶来的时候正好撞到行凶的男子,但自己不是对方的对手,还是让他跑掉了。而小姑,却已经被害死了。

王之涣听了民妇的叙述之后同情地问:"那男子长得什么样子你看清楚了吗?"

民妇回答:"天太黑根本看不清模样,只记得他长得很高,上身光着没穿衣服,我当时在他的背上抓了几道。"

心惊肉跳的推理

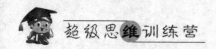

"当晚你家里还有其他人在吗?"

"除了家里已经养了3年的老黄狗,就再也没有喘气的了。"民妇哭道。

"那天晚上案发的时候你有没有听到狗叫?"

"没有。"

这天下午,文安县发生了一件大事情,那就是县衙在各处都贴出了告示,说县官明天要在城隍庙审黄狗定案。

于是第二天,几乎整个县城的人都好奇地挤了过来,将整个城隍庙围得水泄不通。王之涣觉得来的人差不多了,这才命令衙役关上庙门,将小孩、妇女和老人也都赶出城隍庙,这时候,庙里就只剩下100来个年轻力壮的小伙子。王之涣命令这些小伙子脱掉自己的上衣,靠着墙站好,一个一个地检查,果然发现一个人的后背上有两道鲜红的血印子。经过审问,果然他就是杀人犯。

但是这和审黄狗有什么关系呢?

王之涣听说那个民妇家里的黄狗已经养了3年,但是案发当晚却没有听到黄狗的声音,所以断定凶手肯定是熟人,肯定是本县城的人行凶杀人,而且那个民妇当时在对方的后背上抓了几道一定会留下伤痕。不过想要靠着这点儿线索在全城搜索还是很有难度,于是,王之涣想到,如果自己说审黄狗,那么犯人也一定会感到好奇到现场来观看,到时候只要将所有青年男子都留下进行排查就可以了。所以,审黄狗只是王之涣发散性地想到的吸引凶手的办法。

子弹的轨迹

一个曾被特务诱骗的女体操队员A,在一个春天的清晨,在自己的家中遭人射杀身亡。公安人员认为凶手是从附近大楼的屋顶上将这一女子射杀的。但子弹却是从死者的肚脐射进,由右肩贯穿出来的,也即是从下面向上射出的。

"这怎么可能呢?"

在场的调查人员都感到不可思议。

因为,要是凶手由高20多米的七楼屋顶上将被害者射杀的话,子弹的轨迹不可能是这样的。

这究竟是什么原因?

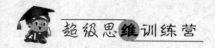

因为这名女体操运动员死的时候,正在院子练习倒立,所以,子弹的轨迹变成了这个样子了。

死者在不正常的情况下被杀害,尸体所显示的情形,常常会搅乱勘查的方向。